21世纪计算机专业系列精品教材

Java 大学教程

主　编　周　斌　石亮军

副主编　王维虎　冯春华　刘　忠

天津大学出版社
TIANJIN UNIVERSITY PRESS

内 容 提 要

本书是高校培养应用型人才的配套教材，主要介绍了 Java 语言及其编程技术。本书注重面向对象的思想与 Java 程序设计技术的结合，培养读者使用面向对象的思维方式思考问题，并使用 Java 语言解决问题。本书共分为 11 章：第 1、2 章主要介绍 Java 语言的基础知识，使读者初步了解 Java 语言；第 3、4 章是本书的核心，介绍 Java 中面向对象的概念及具体实现，重点讲述继承和多态；第 5、6 章主要介绍 Java 中各种类型的数组、字符串类、数据结构以及一些常用算法；第 7 章主要介绍 Java 中的各种流及相关应用；第 8 章介绍图形化用户界面的设计；第 9 章介绍异常的处理及多线程技术；第 10 章主要介绍 Java 中常用的几种网络通信模式；第 11 章介绍数据库的基础知识以及利用 JDBC 实现 Java 数据库编程。

本书主要作为高等院校计算机及相关专业 Java 课程的教材，也可作为 Java 入门的参考书，供面向对象编程爱好者和自学 Java 编程的读者使用。

图书在版编目（CIP）数据

Java 大学教程/周斌，石亮军主编. —天津：天津大学出版社，2011.12
21 世纪计算机专业系列精品教材
ISBN 978-7-5618-4221-8

Ⅰ. ①J… Ⅱ. ①周… ②石… Ⅲ. ①JAVA 语言—程序设计—高等学校—教材 Ⅳ. ①TP312

中国版本图书馆 CIP 数据核字（2011）第 238248 号

出版发行	天津大学出版社
出 版 人	杨欢
地　　址	天津市卫津路 92 号天津大学内（邮编：300072）
电　　话	发行部：022-27403647　邮购部：022-27402742
网　　址	www.tjup.com
印　　刷	廊坊市长虹印刷有限公司
经　　销	全国各地新华书店
开　　本	185mm×260mm
印　　张	16
字　　数	399 千
版　　次	2012 年 1 月第 1 版
印　　次	2012 年 1 月第 1 次
定　　价	32.00 元

前　言

面向对象编程技术是当前乃至今后相当长的一段时间内的主流编程技术，它正在逐步代替传统的面向过程的程序设计技术。面向对象是当前计算机界关心的重点，它是 20 世纪 90 年代软件开发方法的主流。面向对象的概念和应用已超越了程序设计和软件开发，扩展范围很广，如数据库系统、交互式界面、应用结构、应用平台、分布式系统、网络管理结构、CAD 技术、人工智能等领域。

Java 语言则是面向对象技术应用最为成功的典范之一，它由 Sun Microsystems 公司于 1995 年推出，从诞生之日起便引起广泛关注，在短短几年的时间内便风靡全球。它以纯面向对象、多线程、平台无关性、高安全性、出色的可移植性和可扩展性受到了计算机界的欢迎，并得到了广泛的应用。随着当前 IT 业的迅猛发展，Java 在软件开发领域显得越来越重要。目前国内外对 Java 开发人员的需求量极大，特别是在最新的软件研发领域。

本书旨在培养读者使用面向对象的思维来分析和解决问题，掌握 Java 程序的编写方式和技巧，以适应现代社会对人才的需求。本书在内容取舍上作了精心选择，强调以简单、易懂的示例来讲述知识要点，使读者能够快速理解和上手，同时确保有一定的深度与广度。

下面简要介绍本书的主要内容。

第 1 章　Java 语言概述：主要介绍 Java 语言的发展历史、Java 运行环境的安装与配置，讨论了 Java 程序的分类，通过最简单的 Java 程序示例，介绍 Java 程序开发的基本步骤。

第 2 章　Java 语言基础：主要介绍 Java 语言的基础结构，例如，数据类型、常量、变量、表达式和流程控制语句等，为后续章节的程序设计打下基础。

第 3 章　类与对象：主要介绍 Java 语言的面向对象技术，包括面向对象的基本概念、面向对象的程序设计方法、Java 中的类与对象、类的继承、方法和域以及访问控制符。

第 4 章　多态、包与接口：主要介绍面向对象程序设计中多态的概念及具体应用，以及包和接口。

第 5 章　数组与字符串类：首先介绍 Java 编程中经常用到的数组，包括一维数组、二维数组和对象数组，通过示例程序进一步来讨论它们的使用方式与技巧；然后介绍字符串类，包括两种具有不同操作方式的 String 类和 StringBuffer 类。

第 6 章　数据结构与常用算法：首先介绍了向量、哈希表的概念与使用方式，以及数据结构中的接口，然后讨论数据结构中常见的堆栈、队列、链表和二叉树结构以及排序与查找的算法。

第 7 章　流与文件：主要介绍流的概念、基本输入/输出流、常用输入/输出流、标准输入/输出流以及文件的处理。

第 8 章　GUI 设计：主要介绍 GUI 的概念、文字与图形的 GUI 设计、常用的 GUI 设计组件、布局设计以及 Java 中的事件处理机制。

第 9 章　异常处理与多线程：主要介绍 Java 中异常处理的机制、处理语句、多线程的实现与管理。

第 10 章 Java 网络编程：主要介绍 Java 网络通信中常见的 Socket 通信模式、UDP 通信模式以及 URL 通信模式。

第 11 章 Java 数据库应用：主要介绍数据库的基础知识、SQL 语言的基本语法以及使用 JDBC 实现 Java 访问数据库。

任何程序设计课程都是一门需要大量实践的课程。读者在学习本书内容的同时应注意辅以大量的实践练习，这样才能较好地理解和掌握书中所介绍的知识点。同时注意举一反三，增强自己编程时的灵活应变能力，为将来从事软件开发工作打下良好的基础。

在本书出版过程中，得到天津大学出版社的大力支持，在此表示感谢。

由于时间仓促，作者水平有限，书中难免存在疏漏之处，欢迎广大读者批评指正。

编　者

2011 年 7 月

目　　录

第 1 章 Java 语言概述

本章首先介绍 Java 语言的发展历史，并对 Java 运行环境的安装与配置进行详细介绍。接着讨论 Java 程序的分类。本章将通过两个最简单的 Java 程序示例，详细讲述 Java 程序开发的基本步骤。

1.1 Java 语言的起源与发展

Java 语言是由 Sun 公司于 1995 年推出的一种新的编程语言。1991 年，Sun 公司预料嵌入式系统将在家电行业大展辉煌，于是试图为下一代智能家电编写一个通用的控制系统，其主要目的是为家用电子产品开发一个分布式代码系统，以便可以与电冰箱、电视机等家用电器进行信息交流，如向它们发送 E-mail，对它们进行控制。因此便成立了一个由 James Gosling 为领导的"Green"计划。

开发小组开始准备采用 C++语言，但由于 C++太复杂和安全性差，最后开发了一种基于 C++的新语言 Oak（一种橡树的名字），它是 Java 的前身。Oak 能够用于网络且安全性好，但当时的 Oak 并没有引起人们的注意。直到 1994 年，互联网和浏览器的出现给 Oak 语言带来了生机，随着互联网和 3W 的飞速发展，Gosling 将 Oak 语言进行了小规模的修改，完成了一个网页浏览器 WebRunner（该浏览器后来被更名为 HotJava），得到了 Sun 公司首席执行官 Scott McNealy 的支持，才得以研发和发展。在准备注册该商标时，发现 Oak 已经被别人使用，于是更名为 Java。

Sun 公司在 1995 年 5 月正式推出 Java 语言，该语言具有安全、跨平台、面向对象、简单、适用于网络等显著特点，当时以 Web 为主要形式的互联网正在迅猛发展，Java 语言的出现迅速引起所有程序员和软件公司的极大关注，程序员们纷纷尝试用 Java 语言编写网络应用程序，并利用网络把程序发布到世界各地。IBM、Oracle、微软、Netscape、Apple、SGI 等大公司纷纷与 Sun Microsystems 公司签订合同，授权使用 Java 平台技术。

目前，Java 语言应用非常广泛，在应用领域占有较大优势，具体体现在以下几个方面。

1）开发桌面应用程序，如银行软件、商场结算软件等。

2）开发面向 Internet 的 Web 应用程序，如门户网站（工商银行）、网上商城、电子商务网站等。

3）提供各行业的数据移动、数据安全等方面的解决方案，如金融、电信、电力等。

目前，Java 语言已发展成为最优秀的应用软件开发语言，它有着众多的开源工具。另外，Java 具有面向对象、跨平台、多线程、分布式处理等优点，因此其使用者越来越多，它在应用程序开发领域所占的份额也越来越大。

1.2 Java 运行环境的安装与配置

Java 开发环境大体上分为两种方式：一种是使用 JDK，这是一种命令行的使用方式；

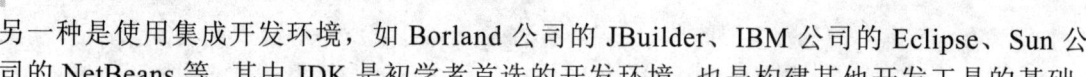

另一种是使用集成开发环境，如 Borland 公司的 JBuilder、IBM 公司的 Eclipse、Sun 公司的 NetBeans 等。其中 JDK 是初学者首选的开发环境，也是构建其他开发工具的基础。

1.2.1　JDK 运行环境安装

JDK（Java Development Kits）是 Sun 公司为 Java 编程人员提供的一套免费的 Java 开发和运行环境。自从 Java 推出以来，JDK 已经成为使用最广泛的 Java SDK。JDK 是整个 Java 的核心，包括 Java 运行环境、Java 工具和 Java 基础的类库。

从 Sun 公司的网站 http://www.sun.com 上可以免费下载适合于不同计算机操作系统的 JDK。本书使用的 JDK 是 Windows 操作系统下的开发工具 "jdk-6u22-windows-i586.exe"，下面详细介绍 JDK 的安装过程。

获得安装文件 "jdk-6u22-windows-i586.exe" 后直接双击启动安装，在安装过程中可以自定义安装目录等信息，安装设置界面如图 1-1 所示。

在安装设置界面中，可以通过 "更改" 按钮修改程序的安装路径，这里采用默认路径 "C:\Program Files\Java\jdk1.6.0_22"，单击 "下一步" 按钮继续安装。

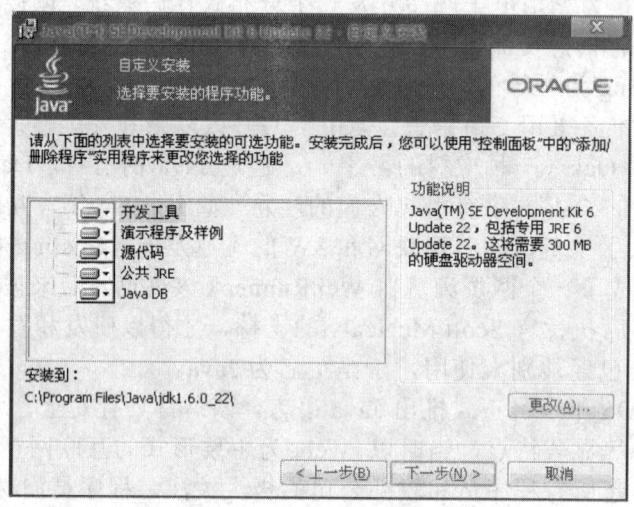

图 1-1　安装设置界面

安装 JDK 后产生的主要目录结构如下。

- \bin 目录：存放 JDK 开发工具的可执行文件，包括 Java 编译器、解释器等。
- \demo 目录：存放含有源代码的不同程序示例。
- \include 目录：包含 C 语言头文件，支持 Java 本地接口与 Java 虚拟机调试程序接口的本地编程技术。
- \jre 目录：是指 Java 运行时环境的根目录，包含 Java 虚拟机、运行时的类包和 Java 应用启动器，但不包含开发环境中的开发工具。
- \lib 目录：包含 Java 类库或库文件，是开发工具使用的归档包文件。

1.2.2　Java 运行环境配置

安装完 JDK 后，必须设置环境变量，JDK 才能正常工作，其中变量 PATH 和 CLASSPATH 是必须设置的。这里设置三个环境变量：JAVA_HOME、CLASSPATH 和 PATH。

下面详细介绍如何配置这三个环境变量。

选中"我的电脑"单击鼠标右键，选择"属性"，弹出"系统属性"对话框，再选择"高级"选项卡，如图 1-2 所示。

在图 1-2 所示的"系统属性"对话框中，单击"环境变量"按钮，进入"环境变量"对话框，如图 1-3 所示，分别设置如下变量。

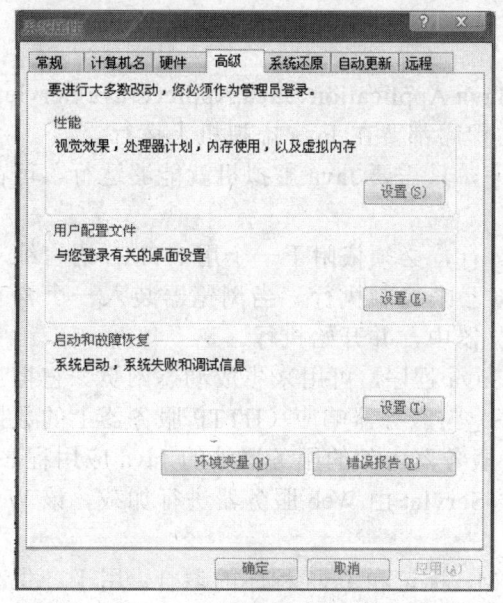
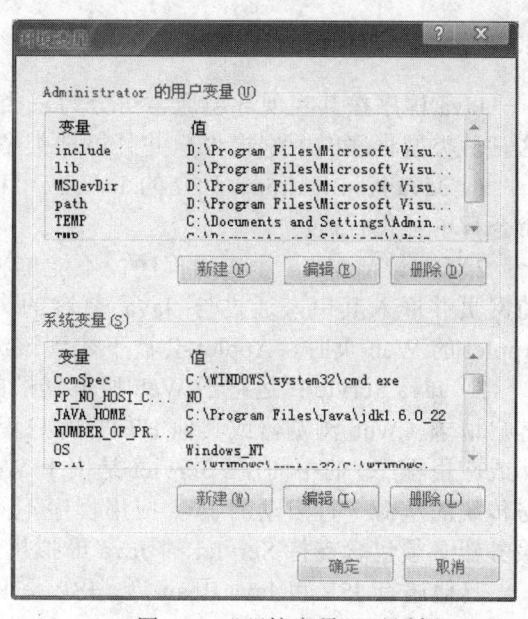

图 1-2 "系统属性"对话框　　　　图 1-3 "环境变量"对话框

1）JAVA_HOME 环境变量：指定 JDK 安装路径，这里安装在 C:\Program Files\Java\jdk 1.6.0_22 目录下，设置 JAVA_HOME 为该目录路径，那么以后要使用该路径时，只需输入 %JAVA_HOME%即可，避免每次引用都输入很长的路径串。

在图 1-3 所示的对话框中，单击系统变量部分的"新建"按钮，设置 JAVA_HOME 变量。

变量名：JAVA_HOME

变量值：C:\Program Files\Java\jdk1.6.0_22

2）CLASSPATH 环境变量：指定类的路径，Sun 公司提供了丰富的类包，一个是 dt.jar，另一个是 tools.jar，这两个 jar 包都位于 C:\Program Files\Java\jdk1.6.0_22\lib 目录下，通常都把这两个 jar 包加到 CLASSPATH 环境变量中。

在图 1-3 所示的对话框中，单击系统变量部分的"新建"按钮，设置 CLASSPATH 环境变量。

变量名：CLASSPATH

变量值：;%JAVA_HOME%\lib\dt.jar ;%JAVA_HOME%\lib\tools.jar

注意：CLASSPATH 变量值最前面有个"."，表示当前目录，这样，当运行 Java 程序时，系统就会先在当前目录寻找类文件。

3）PATH 环境变量：指定 Java 工具的路径，使得系统可以在任何路径下识别 Java 命令。

在图 1-3 所示的对话框中，在系统变量部分找到 PATH 变量，单击"编辑"按钮，设置 PATH 变量。

变量名：PATH

变量值：%JAVA_HOME%\bin（PATH 变量里面已经有很多变量值，因此要在变量值的最前面加上%JAVA_HOME%\bin）

注意：如果读者的安装路径不一样，请根据具体的安装路径进行调整。

1.3　Java 程序的分类

Java 程序按其实现环境通常可分为三类：Java Application、Java Applet、Java Servlet。这三种类型程序的区别很少，并且每种类型的程序都要在 Java 虚拟机上运行。

1）Java Application：独立的 Java 应用程序，只需要 Java 虚拟机就能够运行，可在命令行单独执行。

2）Java Applet：小应用程序，不能单独运行，必须依附于一个用 HTML 语言编写的网页并嵌入其中，通过与 Java 兼容的浏览器来控制执行。当浏览器装入一个含有 Applet 的 Web 页时，Applet 会被下载到该浏览器中，并开始执行。

3）Java Servlet：运行于 Web 服务器端的 Java 程序，可用来生成动态网页。它担当客户请求（Web 浏览器或其他 HTTP 客户程序）与服务器响应（HTTP 服务器上的数据库或应用程序）的中间层。Servlet 是位于 Web 服务器内部的服务器端的 Java 应用程序，与传统的从命令行启动的 Java 应用程序不同，Servlet 由 Web 服务器进行加载，该 Web 服务器必须包含支持 Servlet 的 Java 虚拟机。

其他还有 JSP 和 Java Bean 等。JSP 是 HTML 标记和 Java 程序的混合，用于产生动态网页，在支持 JSP 的 Web 服务器上运行，严格地说，它并不是独立的 Java 程序；Java Bean 则是可重用的、独立于平台的 Java 程序组件，通常作为其他 Java 应用程序的一部分，不单独运行。

1.4　简单的 Java 程序示例

Java 源程序可以用任何文本编辑器来编写代码，如 Windows 中的记事本等，然后用命令行工具进行编译和运行，但是这样使用 JDK 比较麻烦。另外，可以使用各种功能强大的 Java 集成开发环境，如 Eclipse、JBuilder。下面以 Windows 中的记事本为例来说明 Java 程序是如何编写、编译和运行的。

1.4.1　Java Application 程序

打开 Windows 的记事本，编写例 1-1 所示的 Java 程序源代码，保存源程序，修改文件名为 FirstApplication.java。后缀 ".java" 表示文件格式是 Java 类型的。

例 1-1　FirstApplication.java 源代码

```
public class FirstApplication
{
    public static void main(String args[ ])
    {
        System.out.println("Welcome to Java World!");
    }
}
```

本程序的运行结果是输出一行信息：

Welcome to Java World!

下面通过 Java 的编译器编译源文件 FirstApplication.java。在 MS-DOS 命令行中输入如下命令进行编译：

javac FirstApplication.java

上面命令要正确执行，需要确保以下两个条件：

1）JDK 已安装成功并配置环境变量；

2）当前处于 FirstApplication.java 文件所在路径，假设该程序放在 D:\java 目录下。

上面命令将 Java 文件编译生成一个以类名字命名、以.class 为后缀的字节码文件，源代码中定义了几个类，编译结果就生成几个字节码文件。例 1-1 的源代码文件中只定义了一个类 FirstApplication，所以编译结果将生成一个名为 FirstApplication.class 的字节码文件，该文件和 FirstApplication.java 在相同的目录下。

调用 Java 解释器解释执行字节码文件 FirstApplication.class，输出程序运行结果。执行命令如下：

java FirstApplication

图 1-4 显示了程序的运行结果。

上面程序中有如下几个 Java 语法知识点。

1）用关键词 class 声明一个新类 FirstApplication。类定义由{}括起来，在类中定义了类的变量和类的方法。任何一个 Java 程序都由若干个类定义组成，这些类只能有一个 public 类（公共类），且程序文件名应与公共类同名。

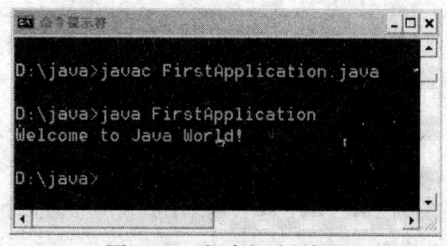

图 1-4　程序运行结果

2）在该类中定义了一个 main 方法，它是 Java Application 程序执行的入口点。main 方法所在的类叫做主类，一个 JavaApplication 程序只能有一个主类。任何一个 Java Application 类型的程序必须有且只能有一个 main 方法，而且这个 main 方法的开头必须按照下面的格式书写：

public static void main(String args[ ])

当执行 Java Application 时，整个程序将从这个 main 方法的方法体的第一个语句开始执行。

3）在 main 方法中，只有一条语句：

System.out.println ("Welcome to Java World!");

它用于将字符串输出到系统屏幕上。

4）Java 语言是严格区分大小写的，因此文件名必须与主类名称完全一致。

1.4.2　Java Applet 程序

Applet 是嵌入到 HTML 页面并能够在浏览器中运行的 Java 小应用程序，它的源程序编辑与字节码生成过程与 Java Application 相同。

例 1-2　FirstApplet.java 源代码

```
import    java.awt.Graphics;        //导入类 Graphics
import    java.applet.Applet;       //导入类 Applet
public class FirstApplet extends Applet
```

```
    {
        public void paint(Graphics g)
        {
            g.drawString("Welcome to Java World!", 20 , 20);
        }
    }
```

程序说明：

1）在程序里使用了行注释，在 Java 程序中，两道斜线（//）代表行注释的开始，跟在它后面的所有内容都将被编译器和解释器忽略而作为提高程序可读性的注释部分。

2）用关键词 import 分别导入 java.awt 包中的 Graphics 类和 java.applet 包中的 Applet 类。Graphics 类使 Java Applet 能绘制各种图形（如直线、矩形、椭圆等）和字符串。类 Applet 规定了 Applet 程序如何与执行它的解释器——WWW 浏览器配合工作。

3）用 class 关键词声明了一个名为 FirstApplet 的类，关键词 extends 表示继承，即 FirstApplet 是系统类 Applet 的子类，它拥有 Applet 类的所有属性和方法。

Java Applet 中不需要有 main 方法，但要求程序中有且必须有一个类是系统类 Applet 的子类。

4）paint 方法是系统类 Applet 中已经定义好的成员方法，它与其他一些 Applet 中的方法一样，能够被 WWW 浏览器识别和在恰当的时刻自动调用。利用 paint 方法可以绘制出用户想要的各种图形。

5）drawString 方法是 paint 方法的形式参数 g 的一个成员方法，其功能是在屏幕上的特定位置输出字符串。drawString 方法有三个参数，第一个参数是要输出的字符串，第二、第三个参数是要输出字符串的左下角坐标（20,20），它们是以像素为单位的。

使用如下命令在 JDK 中将源程序编译为 class 文件：

javac FirstApplet.java

编译后生成 Java 字节码文件 FirstApplet.class。Applet 中没有 main 方法作为 Java 解释器的入口，为了执行该代码，需要把它嵌入到 HTML 页面中，代码如下：

```
<HTML>
<BODY>
<APPLET CODE= "FirstApplet.class"    WIDTH=300    HEIGHT=150>
</APPLET>
</BODY>
</HTML>
```

HTML 是一种简单的排版描述语言，称为"超文本标记语言"，它通过各种各样的标记来编排超文本信息。例如，<HTML>和</HTML>这一对标记标志 HTML 文件的开始和结束。在 HTML 文件中嵌入 Java Applet 同样需要使用一组约定好的特殊标记 <APPLET>和</APPLET>，其中<APPLET>标记必须包含三个参数。

- CODE：指明嵌入 HTML 文件中的 Applet 字节码文件的文件名。
- WIDTH：指明 Applet 程序在 Web 页面中占用区域的宽度。
- HEIGH：指明 Applet 程序在 Web 页面中占用区域的高度。

将该 HTML 代码保存到 FirstApplet.html 文件中，然后运行该程序输出结果，运行该程序有两种方式。

1）通过支持 Java 的浏览器，打开 FirstApplet.html 文件，可以看到程序运行结果，如图 1-5 所示。

2）通过 JDK 提供的 AppletViewer 运行程序，例如，运行例 1-2 中的 Java Applet，可用如下命令：

appletviewer FirstApplet.html

运行结果如图 1-6 所示。

图 1-5　程序运行结果（方式 1）　　　　　图 1-6　程序运行结果（方式 2）

习　　题

1．下载安装 JDK 软件包，并配置环境变量。

2．Java 程序按其实现环境可分为哪几种？各有什么特点？

3．编写一个 Java Application 程序，在屏幕上输出 "Hello!Java world!"。

4．编写一个 Java Applet 程序，在窗口中显示 "Hello!Java world!"，并编写相应的 HTML 文件。

5．编写程序输出如下信息：
```
    ***
   *****
  *******
```

第2章 Java 语言基础

本章主要介绍编写 Java 语言程序所涉及的各种基本元素，包括数据类型、常量、变量、表达式和流程控制语句等。

2.1 Java 程序的基本结构

下面以一段完整的 Java 程序来介绍一下 Java 程序的基本结构。

例 2-1 Java 程序的基本结构（myRect.java）

```
import java.io.*;
public class myRect                    //主类
{
    public static void main(String args[])    //主方法
    {
        Rect rt=new Rect(8.0,2.0);            //创建 Rect 类的对象 rt
        System.out.println("矩形面积为："+rt.area());
    }
}

class Rect                //普通类
{
    double length;            //类中的数据成员
    double width;

    Rect(double l,double w)    //类中的构造函数
    {  -
        length=l;
        width=w;
    }

    double area()            //类中的普通方法
    {
        return(length*width);
    }
}
```

程序初始执行结果如图 2-1 所示。

这段程序实现的是求矩形面积的功能。完整的
Java 程序一般由若干个类组成，但其中有且只有一
个类被称为主类，它是整个程序的入口，例如，本
程序中定义了两个类：myRect 和 Rect。其中 myRect
类是主类。类中成员通常由以下三部分组成。

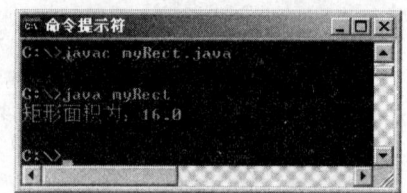

图 2-1 程序初始执行结果

　　1）数据成员：它在类中用于存放数据。

　　2）构造函数：它在创建类的对象时用于完成对该对象的初始化工作。

　　3）普通方法：它是类中的动态成员，类似于其他语言中的函数或过程，是一种用于完成某种操作的程序片段，它主要描述类所具有的功能。

2.2　Java 程序中的标志符、关键字及分隔符

2.2.1　标志符

　　什么是标志符？在 Java 中变量以及类和方法都需要一定的名称，这种名称就叫做标志符。

　　标志符的命名基本规则如下：所有的标志符都必须以一个字母、下划线或美元符号"$"开头，后面的字符可以包含字母、数字、下划线和美元符号。

　　虽然标志符是由程序员自定义的名称，可按上面的基本规则随意选取，但是为了提高程序的可读性，在定义标志符时，要尽量遵循"见其名知其意"的原则。另外，定义 Java 的标志符还有一些约定俗成的准则：

　　1）一个标志符可以由几个单词连接而成，以表明它的意思；

　　2）对于类名，每个单词的首字母都要大写，其他字母则小写，如 RecordInfo；

　　3）对于方法名和变量名，与类名有些相似，除了第一个单词的首字母小写外，其他单词的首字母都要大写，如 getRecordName()；

　　4）对于常量名，每个单词的每个字母都要大写，如果由多个单词组成，通常情况下单词之间用下划线（_）分隔，如 MAX_VALUE；

　　5）对于包名，每个单词的每个字母都要小写，如 com.frame。

　　需要注意的是，Java 严格区分字母大小写，标志符中的大小写字母被认为是不同的两个字符。例如，ad、Ad、aD、Da 是四个不同的合法标志符。

2.2.2　关键字

　　关键字是 Java 语言本身使用的标志符，它有其特定的语法含义，如 public 表示公有的，static 表示静态的。常用的关键字如表 2-1 所示。

表 2-1　常用的关键字

abstract	const	finally	int	public	this
boolean	continue	float	interface	return	throw
break	default	for	long	short	throws
byte	do	goto	native	static	transient
case	double	if	new	strictfp	try
catch	else	implements	package	super	void
char	extends	import	private	switch	volatile
class	final	instanceof	protected	synchronized	while

2.2.3　分隔符

　　分隔符用于区分源程序中的基本成分，可使编译器确认代码在何处分隔。常用分隔符有以下三种：

（1）注释符

注释是程序员为了提高程序的可读性和可理解性，在源程序的开始或中间对程序的功能、作者、使用方法等所写的注解。注释仅用于阅读源程序，系统编译程序时，会忽略其中的所有注释。

注释有以下两种类型：

①//注释一行。以"//"开始，最后以回车结束。一般作单行注释使用，也可放在某个语句的后面；

②/*… */注释一行或多行。以"/*"开始，最后以"*/"结束，中间可写多行。

（2）空白符

空白符包括空格、回车、换行和制表符（Tab 键）等符号，可作为程序中各种基本成分之间的分隔符。各基本成分之间可以有一个或多个空白符，其作用相同。和注释一样，系统编译程序时，只用空白符区分各种基本成分。

（3）普通分隔符

普通分隔符和空白符的作用相同，用来区分程序中的各种基本成分，但它在程序中有确定的含义，不能忽略。

Java 有以下普通分隔符：

- .（句号），用于分隔包、类或分隔引用变量中的变量和方法；
- ;（分号），是 Java 语句结束的标志；
- ,（逗号），分隔方法的参数和变量说明等；
- :（冒号），说明语句标号；
- {}（大括号），用于定义复合语句、方法体、类体及数组的初始化；
- []（方括号），用于定义数组类型及引用数字的元素值；
- ()（小括号），用于在方法定义和访问中将参数表括起来，或在表达式中定义运算的先后次序。

标志符、关键字和分隔符的使用示例如下。

```
public class Example
{
    public static void main(String args[ ])
    {
        int i, c;
        ...
    }
}
```

2.3 数据类型

2.3.1 Java 数据类型简介

Java 语言中的数据类型划分为基本数据类型和引用数据类型两大类。其中基本数据类型由 Java 语言定义，不可以再进行划分。基本数据类型的数据占用内存的大小固定，在内存中存入的是数值本身。引用数据类型在内存中存入的是引用数据的存放地址，并不是数据本身。

Java 语言中的数据类型分类情况如图 2-2 所示。

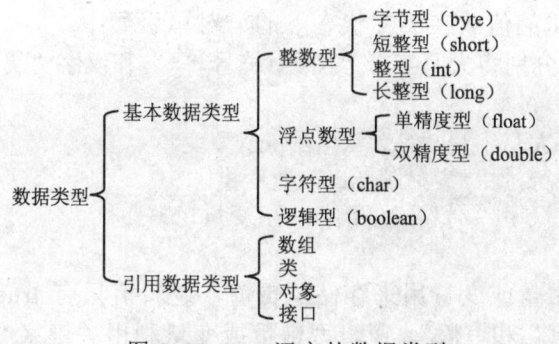

图 2-2　Java 语言的数据类型

1. 基本数据类型

Java 的基本数据类型可以分为四种：整数型、浮点数型、字符型、逻辑型（布尔型），它们分别用来存储整数、小数、字符和布尔值。下面将依次讲解这四种基本数据类型的特征及使用方法。

（1）整数型

声明为整数型的常量或变量用于存储整数，整数型包括字节型（byte）、短整型（short）、整型（int）和长整型（long）。

这四种数据类型的区别是它们在内存中所占用的字节数不同。因此，它们所能够存储的整数的取值范围也不同，如表 2-2 所示。

表 2-2　整数占用内存大小以及取值范围

数 据 类 型	关 键 字	占用内存字节数	取 值 范 围
字节型	byte	1 字节	−128~127
短整型	short	2 字节	−32768~32767
整型	int	4 字节	−2147483648~2147483647
长整型	long	8 字节	−9223372036854775808~ 9223372036854775807

（2）浮点数型

声明为浮点数型的常量或变量用于存储小数或指数，浮点数型包括单精度型（float）和双精度型（double）两个基本数据类型，这两个数据类型的区别是它们在内存中所占用的字节数不同。因此，它们所能够存储的整数的取值范围也不同，如表 2-3 所示。

表 2-3　浮点数占用内存大小以及取值范围

数 据 类 型	关 键 字	占用内存字节数	取 值 范 围
单精度型	float	4 字节	1.4E−45～3.4028235E38
双精度型	double	8 字节	4.9E−324～1.7976931348623157E308

（3）字符型

声明为字符型的常量或变量用来存储单个字符，它占用内存的 2 字节，字符型常量或变量利用关键字"char"进行声明。

Java 中的字符通过 Unicode 字符编码，以二进制的形式存储到计算机中，计算机可通过数据类型判断要输出的是一个字符还是一个整数。Unicode 编码采用无符号编码，一共可存储 65 536 个字符，所以 Java 中的字符几乎可以处理所有国家的语言文字。

在为 char 型常量或变量赋值时，无论值是一个英文字母，或者是一个符号，还是一个汉字，必须将所赋的值放在英文状态下的一对单引号中。

例如，下面的代码分别将大写字母"N"、符号"*"和汉字"男"赋值给 char 型变量 a、b 和 c。

```
char a = 'N';  // 将大写字母"N"赋值给char型变量
char b = '*';  // 将符号"*"赋值给char型变量
char c = '男'; // 将汉字"男"赋值给char型变量
```

（4）逻辑型

声明为逻辑型的常量或变量用来存储逻辑值，逻辑值只有 true 和 false，分别用于代表逻辑判断中的"真"和"假"，逻辑型常量或变量利用关键字"boolean"进行声明。

例如，下面的代码分别将 true 和 false 赋值给变量 ba 和 bb。

```
boolean ba = true;   // 将true赋值给变量
boolean bb = false;  // 将false赋值给变量
```

也可以将逻辑表达式赋值给 boolean 型变量。例如，下面的代码分别将逻辑表达式"6<8"和逻辑表达式"6>8"赋值给 boolean 型变量 ba 和 bb。

```
boolean ba = 6 < 8;  // 将表达式"6 < 8"赋值给变量
boolean bb = 6 > 8;  // 将表达式"6 > 8"赋值给变量
```

2．引用数据类型

引用数据类型包括类引用、接口引用以及数组引用，具体的使用方法可以参看后面的章节。

下面的代码分别声明一个 java.lang.Object 类的引用、java.util.List 接口的引用和一个 int 型数组的引用。

```
Object object = null;   //声明一个Object类的引用变量
List list = null;       //声明一个List接口的引用变量
int[] months = null;    //声明一个 int 型数组的引用变量
```

注意：将引用数据类型的常量或变量初始化为 null 时，表示引用数据类型的常量或变量不引用任何对象。

2.3.2 数据类型的转换

在编写程序时，我们经常会遇到需要转换数据类型的问题。Java 中提供了大量常用的数据类型转换方法，表 2-4 列出了其中比较常用的一些。

表 2-4 常用的数据类型转换方法

类型	方法原型	备注
String->Byte	Byte static byte parse Byte(Strings)	字符串转换为字节型
Byte->String	Byte static String to String(Byte)	字节型转换为字符串
Char->String	Character static String to String (Charc)	字符转换为字符串
String->Short	Short static Short parse Short(Strings)	字符串转换为短整型
Short->String	Short static String to String(Shorts)	短整型转换为字符串
String->Integer	Integer static int parse Int(Strings)	字符串转换为整型
Integer->String	Integer static String to String(Inti)	整型转换为字符串
String->Long	Long static long parse Long(Strings)	字符串转换为长整型
Long->String	Long static String to String(Longi)	长整型转换为字符串
String->Float	Float static Float parse Float(Strings)	字符串转换为单精度型
Float->String	Float static String to String(Floatf)	单精度型转换为字符串
String->Double	Double static double parse Double(Strings)	字符串转换为双精度型
Double->String	Double static String to String(Doubled)	双精度型字符串转换为字符串

注意：String（字符串）数据类型属于引用数据类型，将在后面章节详细介绍。

例 2-2　数据类型转换（Example.java）

```
public class Example
{
    public static void main(String[] args)
    {
        String strage="20101112";
        int age=Integer.parseInt(strage);          //将字符串转换为整型
        System.out.println(strage);
    }
}
```

程序执行结果如图 2-3 所示。

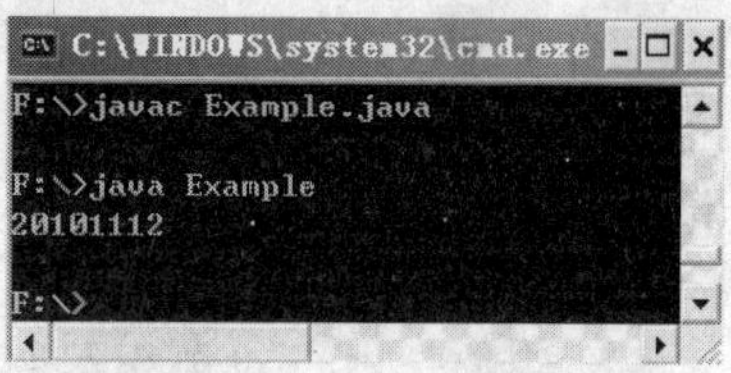

2.4　常量与变量

常量和变量在程序代码中随处可见，下面具体讲解常量和变量的概念及使用要点。

图 2-3　程序执行结果

2.4.1　常量

1．常量的声明

所谓常量，就是值永远不会被改变的量，使用关键字 final 来修饰。声明常量的具体方式如下：

```
final  常量类型  常量标志符;
```

例如：

```
final int YOUTH_AGE;                // 声明一个 int 型常量
final float PIE;                    // 声明一个 float 型常量
```

注意：按照 Java 命名规则，常量标志符所有的字符都要大写，各个单词之间用下划线 "_" 分隔。

在声明常量时，通常情况下立即为其赋值，即立即对常量进行初始化，声明并初始化常量的具体方式如下：

```
final  常量类型  常量标志符 = 常量值;
```

例如：

```
final int YOUTH_AGE = 18; // 声明 int 型常量，初始化为 18
final float PIE = 3.14F;        // 声明 float 型常量，初始化为 3.14
```

声明多个同一类型的常量，可以采用下面的形式：

```
final  常量类型  常量 1= 常量值 1, 常量 2= 常量值 2, …;
```

例如：

```
final int NUM1 = 14, NUM2 = 25, NUM3 = 36;
```

注意：如果在声明常量时已经对其进行了初始化，则常量的值不允许再被修改。

2．常量的分类

常量在程序执行过程中是不可更改的，它们与变量的区别是不占用内存。在 Java 中常量可以分为以下几类。

（1）布尔常量

布尔常量只有 true 和 false 两个值，代表了两种状态：真和假。书写时直接使用 true 和 false 这两个英文单词，不能加引号。

（2）整型常量

整型常量是不含小数的整数值，书写时可采用十进制、十六进制和八进制形式。十进制常量以非 0 开头，后接多个 0～9 之间的数字；八进制以 0 开头，后接多个 0～7 之间的数字；十六进制则以 0x 开头，后接多个 0～9 之间的数字或 a～f 之间的小写字母或 A～F 之间的大写字母。

（3）浮点型常量

Java 的浮点型常量有两种表示形式：

1）十进制数形式，由数字和小数点组成，且必须有小数点，如.123，0.123，123.0；

2）科学记数法形式，如 123e3 或 123E-3，其中 e 或 E 之前必须有数，且 e 或 E 后面的指数必须为整数。

（4）字符常量

字符常量是由一对单引号括起来的单个字符。它可以是 Unicode 字符集中的任意一个字符，如'a'，'Z'。对无法通过键盘输入的字符，可用转义符表示。

字符常量的另外一种表示就是直接写出字符编码，如字母 A 的八进制表示为'\101'，十六进制表示为'\u0041'。

（5）字符串常量

字符串常量是用一对双引号括起来的字符序列。当字符串只包含一个字符时，不要把它和字符常量混淆，例如， 'A' 是字符常量，而 "A" 是字符串常量。字符串常量中可包含转义字符，例如，"Hello\n world!"在中间加入了一个换行符，输出时，这两个单词将显示在两行上。

2.4.2 变量

变量在程序中为一个标志符，在内存中是一块空间，它提供了一个临时存放信息和数据的地方，具有记忆数据的功能。变量是可以改变的，它可以存放不同类型的数据，通常用小写字母或单词作为变量名。

变量具有三个元素：名称、类型和值。

1．变量的声明

在 Java 中存储一个数据，必须将它保存到一个变量中。变量在使用前必须有定义，即有确定的类型和名称。声明变量的具体格式为：

```
类型 变量名[,变量名][=初值];
```

该语句告诉编译器以给定的数据类型和变量名来创建一个变量。

例 2-3 变量的声明（Example1.java）

```java
public class Example1
{
    public static void main(String args[ ])
    {
        byte b=0x55;
```

```
            short s=0x55ff;
            int i=1000000;
            long l=0xffffL;
            char c='c';
            float f=0.23F;
            double d=0.7E-3;
            boolean B=true;
            String S="This is a string";
            System.out.println("字节型变量 b = "+b);
            System.out.println("短整型变量 s = "+s);
            System.out.println("整型变量 i = "+i);
            System.out.println("长整型变量 l = "+l);
            System.out.println("字符型变量 c = "+c);
            System.out.println("浮点型变量 f = "+f);
            System.out.println("双精度变量 d = "+d);
            System.out.println("布尔型变量 B = "+B);
            System.out.println("字符串类对象 S = "+S);
        }
}
```

程序执行结果如图 2-4 所示。

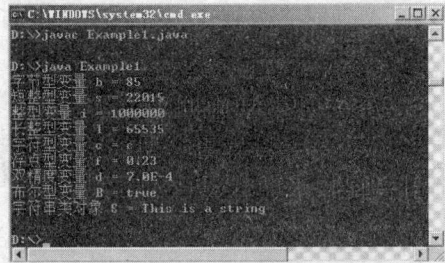

图 2-4　程序执行结果

2．变量的使用范围

当声明了一个变量后，它将被引入到一个范围当中。也就是说，该变量只能在程序的特定范围内使用，超出了这个范围，变量就消失了。

通常，在类中声明的变量称为成员变量，在类的开始处声明，可在整个类中使用。在方法和块中声明的变量叫局部变量，使用范围是从它声明的地方开始到它所在那个块的结束处，块是由两个大括号所定义的，请看如下示例。

例 2-4　变量的使用范围（Example2.java）

```
public class Example2
{
        static int i=10;
        public static void main(String args[])
        {
            int k=10;
            System.out.println("i="+i);
            System.out.println("k="+k);
```

```
    }
    System.out.println("k="+k);
    //编译时将出错，已出 k 的使用范围
}
```

编译 Example2.java 时出现错误，如图 2-5 所示。因为变量 k 在方法块中声明，在方法块之外它是不存在的，所以编译时会出错。

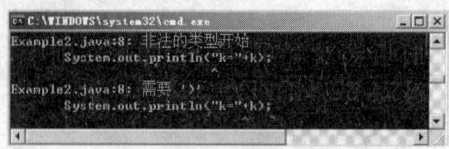

图 2-5　程序执行结果

3．变量类型的转换

在实际编程中，经常会遇到变量类型转换的问题。例如，有时需要将一个整数转变成一个浮点型数据。这时就需要用到强制类型转换。

变量强制类型转换的格式为：

（数据类型）数据表达式

例如：

```
int A; float B;
B=(float) A;   //将整型变量 A 强制类型转换成浮点型数据并赋值给变量 B
```

2.5　表达式

Java 的运算符代表着特定的运算指令，程序运行时将对运算符连接的操作数进行相应的运算。运算符和操作数的组合构成表达式，表达式代表着一个确定的数值。

2.5.1　运算符

按照功能来分，运算符可分为七种：算术运算符、关系运算符、逻辑运算符、位运算符、条件运算符、自增/自减运算符和赋值运算符；按照连接操作数的多少来分，又可分为一元运算符、二元运算符和三元运算符。

1．算术运算符（Arithmetic Operators）

算术运算符支持整数型数据和浮点数型数据的运算，当整数型数据与浮点数型数据之间进行算术运算时，Java 会自动完成数据类型的转换，并且计算结果为浮点数型。常用的算术运算符如表 2-5 所示。

表 2-5　算术运算符

运　算　符	功　能	举　例	运　算　结　果	结果类型
+	加法运算	10+7.5	17.5	double
−	减法运算	10−7.5F	2.5F	float
*	乘法运算	3 * 7	21	int
/	除法运算	21 / 3L	7L	long
%	求余运算	10 % 3	1	int

2．关系运算符（Relational Operators）

关系运算符用于比较大小，运算结果为 boolean 型，当关系表达式成立时，运算结果为 true，否则运算结果为 false。常用的关系运算符如表 2-6 所示。

表 2-6   关系运算符

运 算 符	功 能	举 例	结 果	可运算数据类型
>	大于	'a' > 'b'	false	整数、浮点数、字符
<	小于	2<3.0	true	整数、浮点数、字符
==	等于	'X'= =88	true	所有数据类型
!=	不等于	true !=true	false	所有数据类型
>=	大于或等于	6.6>=8.8	false	整数、浮点数、字符
<=	小于或等于	'M'<=88	true	整数、浮点数、字符

下面来看一段示例程序。

例 2-5   关系运算符的使用（Example3.java）

```
class Example3
{
    public static void main(String args[])
    {
        int w=25,x=3;
        boolean y=w<x;
        boolean z=w>x;
        boolean cc='b'>'a';
        System.out.println("w<x="+y);
        System.out.println("z="+z);
        System.out.println("cc="+cc);
    }
}
```

程序执行结果如图 2-6 所示。

3．逻辑运算符（Logical Operators）

逻辑运算符用于对 boolean 型数据进行运算，运算结果仍为 boolean 型。Java 中的逻辑运算符包括以下几种。

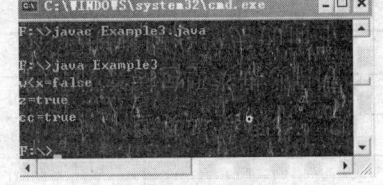

图 2-6   程序执行结果

（1）逻辑与&

操作数都为真"true"，结果为真"true"；否则结果为假"false"。

（2）逻辑或|

有一个操作数为真"true"，结果为真"true"；否则结果为假"false"。

（3）逻辑非!

取反，操作数为真"true"，结果为真"false"；操作数为真"false"，结果为真"true"。

（4）简洁与&&

运算符"&&"只有在其左侧为 true 时，才运算其右侧的逻辑表达式，否则直接返回运算结果 false。

例如：

```
System.out.println(true & true);      // 输出结果为 true
System.out.println(true & false);     // 输出结果为 false
```

```
System.out.println(false & true);      // 输出结果为 false
System.out.println(false & false);     // 输出结果为 false
System.out.println(true && true);      // 输出结果为 true
System.out.println(true && false);     // 输出结果为 false
System.out.println(false && true);     // 输出结果为 false
System.out.println(false && false);    // 输出结果为 false
```

（5）简洁或||

运算符"||"只有在其左侧为 false 时，才运算其右侧的逻辑表达式，否则直接返回运算结果 true。

例如：

```
System.out.println(true | true);       // 输出的运算结果为 true
System.out.println(true | false);      // 输出的运算结果为 true
System.out.println(false | true);      // 输出的运算结果为 true
System.out.println(false | false);     // 输出的运算结果为 false
System.out.println(true || true);      // 输出的运算结果为 true
System.out.println(true || false);     // 输出的运算结果为 true
System.out.println(false || true);     // 输出的运算结果为 true
System.out.println(false || false);    // 输出的运算结果为 false
```

4．位运算符（Bitwise Operators）

位运算是对操作数以二进制位为单位进行的操作和运算，运算结果均为整数型。位运算符又分为逻辑位运算符和移位运算符两种。

（1）逻辑位运算符

Java 语言中常用的逻辑位运算符如表 2-7 所示。

表 2-7　逻辑位运算符

操作数 x	操作数 y	~x	x&y	x|y	x^y
0	0	1	0	0	0
0	1	1	0	1	1
1	0	0	0	1	1
1	1	0	1	1	0

按位取反运算是将二进制位中的 0 修改为 1，1 修改为 0；在进行按位与运算时，只有当两个二进制位都为 1 时，结果才为 1；在进行按位或运算时，只要有一个二进制位为 1，结果就为 1；在进行按位异或运算时，当两个二进制位同时为 0 或 1 时，结果为 0，否则结果为 1。

（2）移位运算符

1）左移<<。将操作数 op1 的二进制位向左移 op2（正整数）位，低位补零。例如：

```
int a = 42;
int aa = a << 2;
System.out.println("aa=" + aa);
```

分析：

42   00101010   //42 的二进制编码

<<2

168   10101000 相当于 $42*2^2 = 168$

2）右移>>。将操作数 op1 的二进制位向右移 op2（正整数）位，高位补零（原为正数）、高位补 1（原为负数）。例如：

```
int a = 42;
int aa = a >> 2;
System.out.println("aa=" + aa);
```

分析：

42   00101010

 >>2

10   00001010 相当于 $42/2^2 = 10.5$

3）无符号右移>>>。将操作数 op1 的二进制位向右移 op2（正整数）位，高位补零，零扩展（zero-extension）。例如：

```
int a = 42;
int aa = a >>> 2;
System.out.println("aa=" + aa);
```

分析：

42   00101010

 >>>2

10   00001010 相当于 $42/2^2 = 10.5$

5．条件运算符（Conditional Operators）

条件运算符的符号为"？:"，根据"?"左侧的逻辑值，决定返回":"两侧中的一个值，类似 if-else 流程控制语句。例如：

```
Int a=1;
z = a > 0 ? a : -a;   //z=1
```

6．自增/自减运算符（Increment/decrement Operators）

与 C、C++类似，Java 语言也提供了自动递增与递减运算符，其作用是自动将变量值加 1 或减 1，主要用于对变量进行赋值。例如：

```
int i=5;
i++;
++i;
i--;
--i;
```

注意："赋值"和"运算"的先后顺序。放在操作元前面的自动递增、递减运算符，会先将变量的值加 1 或减 1，然后再使该变量参与表达式的运算；放在操作元后面的递增、递减运算符，会先使变量参与表达式的运算，然后再将该变量加 1 或减 1。例如：

```
float x =7, y=15, v1, v2;
v1 = x++;
v2 = ++y;
```

结果：

x=8   y=16

v1=7   v2=16

7．赋值运算符（Assignment Operators）

赋值运算符的符号为"="，它的作用是将数据、变量、对象赋值给相应类型的变量，例如下面的代码：

```
int i = 75;                    // 将数据赋值给变量
long l = i;                    // 将变量赋值给变量
Object object = new Object();     // 创建对象
```

赋值运算符的运算顺序为从右到左。例如在下面的代码中，首先是计算表达式"9412 + 75"的和，然后将计算结果赋值给变量 result。

```
int result = 9412 + 75;
```

另外，在编写程序时还经常会用到复合赋值运算。常见的复合赋值运算符有：

+=、   -=、   *=、   /=、%=

<<=、>>=、&=、^=、|=

基本格式如下：

```
<变量> <复合赋值运算符> <表达式>
<变量> =<变量><运算符> (<表达式>)
```

例如：

```
a += b+5;     //等价于    a=a+(b+5);
a *= b;       //等价于    a=a*b;
a *= b-c;     //等价于    a=a*(b-c);
```

2.5.2 运算符的优先级

在 Java 中除赋值运算符的结合性为"先右后左"外，其他所有运算符的结合性都是"先左后右"。

运算符优先级的顺序如表 2-8 所示。

表 2-8 运算符优先级

优 先 级	说　　明	运　算　符								
最高	括号	()								
	后置运算符	[]	.							
	正负号	+	−							
	一元运算符	++	--	!		~				
	乘除运算	*	/	%						
	加减运算	+	−							
	移位运算	<<	>>	>>>						
	比较大小	<	>	<=		>=				
	比较是否相等	==	!=							
	按位与运算	&								
	按位异或运算	^								
	按位或运算	|								
	逻辑与运算	&&								
	逻辑或运算	||								
	三元运算符	?:								
最低	赋值及复合赋值	=	*=	/=	%=	+=	−=	>>=	>>>=	<<<=	&=	^=	|=

下面以一个具体的示例程序来演示常用的运算符和表达式。

例 2-6 关系运算符的使用（myExpression.java）

```
public class myExpression
{
    public static void main(String args[])
    {
        int a=2,b=3;
        a*=b;            //复合赋值表达式，等价于 a=a*b
        int c=a++;       //先将 a 的值赋给 c，a 再执行自增操作
        int d=++a;       //a 先执行自增操作，再将值赋给 d
        int e=b>d?b:d;   //判断 b 是否大于 d，如果是，则将 b 赋值给 e，否则将 d 赋
                         //    值给 e
        d+=c;            //复合赋值表达式，等价于 d=d+c
        System.out.println("a+b="+(a+b));    //输出 a+b 的值
        System.out.println("a>d:"+(a>d));    //输出 a>d 的值，结果为 boolean 型
        System.out.println((a<e&&c<d)?e:a);  //判断 a 是否小于 e 并且 c 是否小于 d，
                                             //若两个条件都满足，则输出 e，否则输出 a
        float f=(float) (--d)/2;   //将 d 执行自减操作后强制类型转换成 float 型，
                                   //再除以 2，并将结果赋值给 f
        System.out.println("f="+f);
    }
}
```

程序执行结果如图 2-7 所示。

2.6　流程控制语句

　　程序运行时通常是按由上至下的顺序执行的，但有时会根据不同的情况，选择不同的语句块来运行，或是重复运行某一个语句块，或是跳转到某一个语句块继续运行，这些根据不同的条件运行不同的语句块的方式，称为"程序流程控制"。在 Java

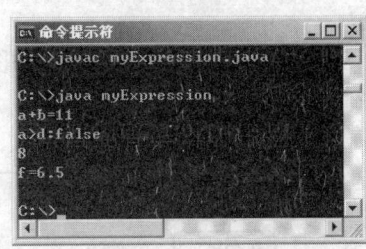

图 2-7　程序执行结果

语言中，流程控制分为三种基本结构：分支结构、循环结构和顺序结构。流程控制语句分为分支语句、循环语句和跳转语句。

2.6.1　分支语句

　　分支语句就是对语句中不同条件的值进行判断，从而根据不同的条件执行不同的语句。Java 语言的分支语句有两种：条件语句和 switch 语句。

1．条件语句

条件语句可分为以下三种形式。

（1）简单的 if 条件语句

　　简单的 if 条件语句，就是对某种条件作出相应的处理。通常表现为"如果满足某种情况，那么就进行某种处理"。它的一般形式为：

if(表达式) {语句序列}

　　简单的 if 条件语句的流程图如图 2-8 所示。

　　例如，如果明天天气晴好，我们就出去玩。条件语句为：

if(明天天气晴好){我们就出去玩}

表达式是必要参数。其值可以由多个表达式组成，但是其最后结果一定是 boolean 类型，即其结果只能是 true 或 false。

语句序列是可选的，可以不包含语句，也可以包含多条语句。当表达式的值为 true 时执行这些语句。如果该语句只有一条语句，大括号也可以省略不写。下面的写法都是正确的。

if(明天天气晴好);
if(明天天气晴好)
　　　我们就出去玩;

（2）if-else 条件语句

if-else 条件语句也是条件语句的一种最通用的形式。else 是可选的。通常表现为"如果满足某种条件，就进行某种处理，否则进行另一种处理"。它的一般形式为：

if(表达式)
{语句序列 1}
else
{语句序列 2}

语句序列 1 是可选的。由一条或多条语句组成，当表达式的值为 true 时执行这些语句。

语句序列 2 也是可选的。包含一条或多条语句，当表达式的值为 false 时执行这些语句。

if-else 条件语句的流程图如图 2-9 所示。

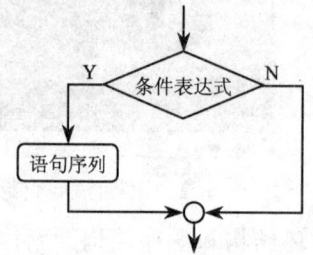

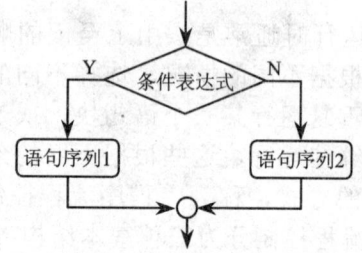

图 2-8　简单的 if 条件语句的流程图　　　图 2-9　if-else 条件语句的流程图

例如，如果指定年为闰年，二月份为 29 天，否则二月份为 28 天。条件语句为：

if(今年是闰年)
{
　　　二月份为 29 天
}
else
{
　　　二月份为 28 天
}

（3）if-else if 多分支条件语句

if-else if 多分支条件语句用于针对某一事件的多种情况进行处理。通常表现为"如果满足某种条件，就进行某种处理，否则，如果满足另一种条件才进行另一种处理"。

它的一般形式为：

```
if(表达式 1)
{语句序列 1}
else if(表达式 2)
{语句序列 2}
……
else if(表达式 n-1)
{语句序列 n-1}
else
{语句序列 n}
```

语句序列 1 在表达式 1 的值为 true 时被执行，语句序列 2 在表达式 2 的值为 true 时被执行，语句序列 n 在表达式 1 的值为 false，表达式 2 的值也为 false 时被执行。

if-else if 多分支条件语句的流程图如图 2-10 所示。

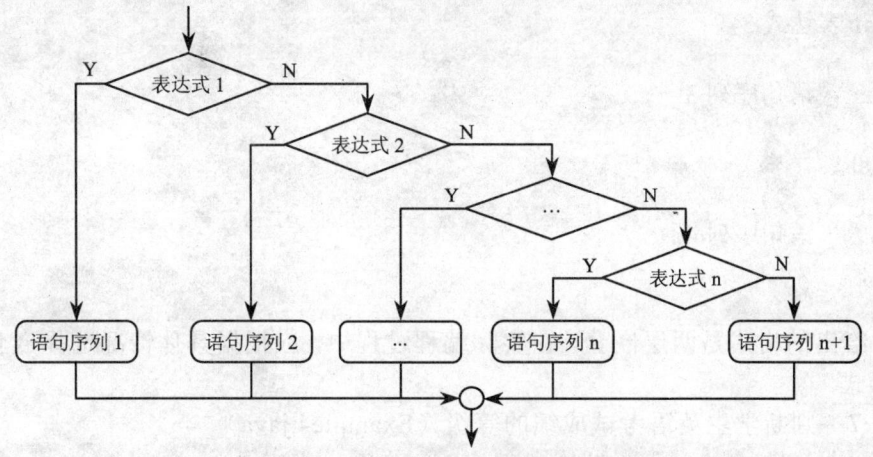

图 2-10 if-else if 多分支条件语句的流程图

例如，如果今天是星期一，上数学课；如果今天是星期二，上语文课；否则上自习。条件语句为：

```
if(今天是星期一)
{
    上数学课
}
else if(今天是星期二)
{
    上语文课
}
else
{
    上自习
}
```

注意：if 语句的嵌套就是在 if 语句中又包含一个或多个 if 语句，这样的语句一般都用在比较复杂的分支语句中，它的一般形式为右侧的语句格式。在嵌套的语句中最好不要省略大括号，以提高代码的可读性。例如，以下格式就是一个典型的两层 if 嵌套语句。

```
if(表达式 1)
{
    if(表达式 2)
    {
        语句序列 1
    }
    else
    {
        语句序列 2
    }
}
else
{
    if(表达式 3)
    {
        语句序列 3
    }
    else
    {
        语句序列 4
    }
}
```

以上给出的格式是两层嵌套，在实际编程过程中，应根据具体情况选择嵌套的层数和具体形式。

例 2-7 判断学生英语考试成绩的等级（Example4.java）

```
public class Example4
{
    public static void main(String args[])
    {
        int English=90;
        if(English>=75)
        {
            //判断 English 分数是否大于等于 75
            if(English>=90)
            {
                //判断 English 分数是否大于等于 90
                System.out.println("英语打"+English+"分：");
                System.out.println("英语是优");
            }
            else
            {
                System.out.println("英语打"+English+"分：");
                System.out.println("英语是良");
            }
```

```
        }
        else
        {
            if(English>=60)
            {
                //判断 English 分数是否大于等于 60
                System.out.println("英语打"+English+"分：");
                System.out.println("英语及格了");
            }
            else
            {
                System.out.println("英语打"+English+"分：");
                System.out.println("英语不及格");
            }
        }
    }
}
```

程序执行结果如图 2-11 所示。

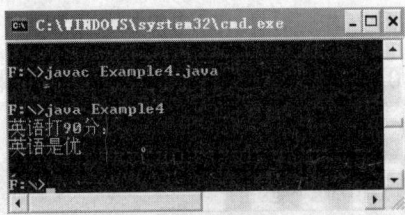

图 2-11　程序执行结果

2．switch 语句

switch 语句是多分支的开关语句，它根据表达式的值来执行输出的语句。这样的语句一般用于多条件多值的分支语句中，语法格式如下：

```
switch(表达式)
{
    case 常量表达式 1: 语句序列 1; [break;]
    case 常量表达式 2: 语句序列 2; [break;]
        ……
    case 常量表达式 n: 语句序列 n; [break;]
    default: 语句序列 n+1; [break;]
}
```

其中，break 用于结束 switch 语句。switch 语句中表达式的值必须是整型或字符型，即 int、short、byte 和 char 型。switch 会根据表达式的值，执行符合常量表达式的语句序列。

当表达式的值没有匹配的常量表达式时，则执行 default 定义的语句序列，即"语句序列 n+1"。

default 是可选参数，如果没有该参数，并且所有常量值与表达式的值不匹配，那么 switch 语句就不会进行任何操作。

switch 语句的执行流程如图 2-12 所示。

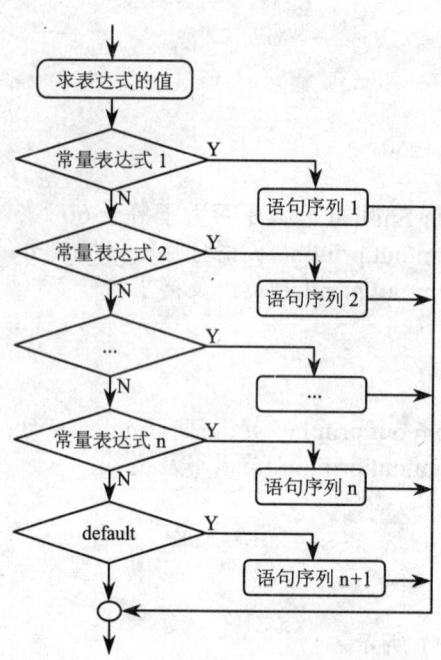

图 2-12　switch 语句的执行流程图

例 2-8　判断在 10，20，30 之间是否有符合 5 乘以 6 的结果，有则输出（Example5.java）

```
public class Example5
{
    public static void main(String args[])
    {
        int x=5,y=6;
        switch(x*y)    // 以 x 乘以 y 作为判断条件
        {
            case 10 :                      //当 x 乘以 y 为 10 时
                System.out.println("10");
                break;
            case 20 :                      //当 x 乘以 y 为 20 时
                System.out.println("20");
                break;
            case 30:                       //当 x 乘以 y 为 30 时
                System.out.println("30");
                break;
            default :
                System.out.println("以上没有匹配的");
        }
    }
}
```

程序执行结果如图 2-13 所示。

if 语句和 switch 语句可以从使用的效率上来进行区别，也可以从实用性角度去区分。

如果从使用的效率上进行区分，在对同一个变量的不同值作条件判断时，使用 switch 语句的效率相对更高一些，尤其是判断的分支越多越明显。

如果从语句的实用性的角度去区分，switch 语句的广泛性和实用性不如 if 语句。

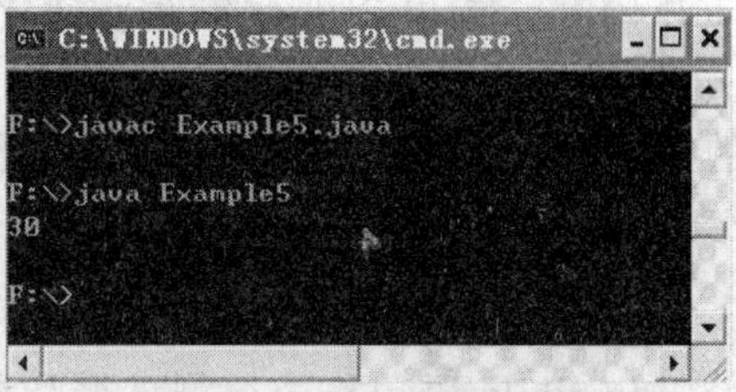

图 2-13　程序执行结果

2.6.2　循环语句

循环语句就是重复执行某段程序代码，直到不满足特定条件为止。在 Java 语言中循环语句有三种类型：for 语句、while 语句和 do-while 语句。

1．for 语句

for 语句是最常用的循环语句，一般用在循环次数已知的情况下。它的一般形式为：

```
for(初始化语句;循环条件;迭代语句)
{语句序列}
```

其中，初始化语句用于初始化循环体变量；循环条件用于判断是否继续执行循环体，其只能是 true 或 false；迭代语句用于改变循环条件的语句；语句序列称为循环体，当循环条件的结果为 true 时，将重复执行。

如图 2-14 所示，for 语句的执行流程是：首先执行初始化语句，然后判断循环条件，当循环条件为 true 时，就执行一次循环体，最后执行迭代语句，改变循环变量的值，这样就结束了一轮的循环。接下来进行下一次循环（不包括初始化语句），直到循环条件的值为 false 时，才结束循环。

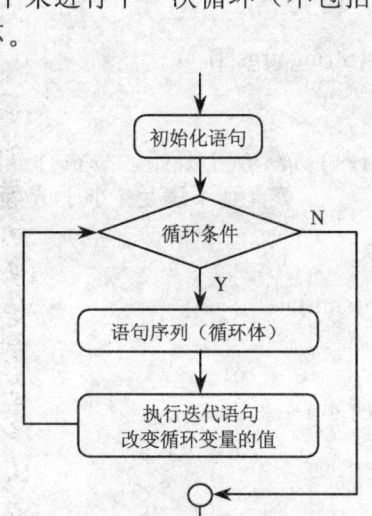

图 2-14　for 语句流程图

2．while 语句

while 语句是用一个表达式来控制循环的语句，它的一般形式为：

```
while(表达式)
{语句序列}
```

如图 2-15 所示，表达式用于判断是否执行循环，它的值只能是 true 或 false。当循环开始时，首先会执行条件表达式，如果表达式的值为 true，则会执行语句序列，也就是循环体。当到达循环体的末尾时，会再次检测表达式，直到表达式的值为 false，结束循环。

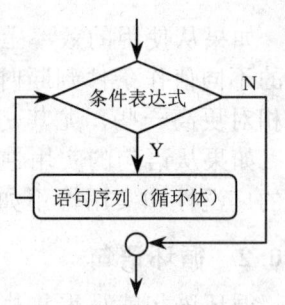

图 2-15　while 语句流程图

3．do-while 语句

do-while 语句称为后测试循环语句，它同样利用一个条件表达式来控制是否要继续重复执行这个语句。其一般形式为：

```
do
{语句序列}
while(表达式);
```

do-while 语句的执行过程与 while 语句有所区别。do-while 循环至少被执行一次，它先执行循环体的语句序列，然后再判断是否继续执行。

do-while 语句流程图如图 2-16 所示。

例 2-9　用三种循环语句编写程序计算 1～10 整数的和（Example6.java、Example7.java 和 Example8.java）

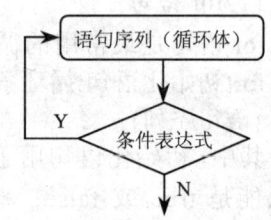

图 2-16　do-while 语句流程图

```java
// for 语句实现
public class Example6
{
    public static void main(String args[])
    {
        int sum=0;
        for(int i=1;i<=10;i++)   //i 从 1 开始，每执行一次循环体就递增一次，
        {                        //直到不满足 i 小于或等于 10 时， 循环结束
            sum+=i;
        }
        System.out.println(sum);
    }
}
```

程序执行结果如图 2-17 所示。

```java
// while 语句实现
public class Example7
{
    public static void main(String args[])
    {
        int sum=0;
        int i=1;
        while(i<=10)   //当 i 小于或等于 10 时执行循环体
        {
            sum+=i;
            i++;       //累加 i 的值
        }
```

```
        System.out.println("从 1 到 10 的整数和为："+sum);
    }
}
```

程序执行结果如图 2-18 所示。

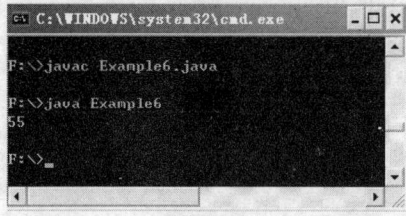

图 2-17　程序执行结果（1）

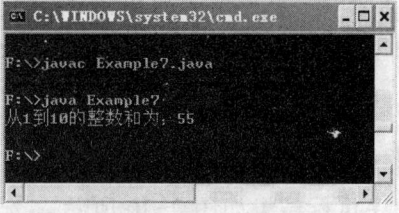

图 2-18　程序执行结果（2）

```
// do-while 语句实现
public class Example8
{
    public static void main(String args[])
    {
        int sum=0,i=0;
        do
        {
            sum+=i;
            i++;            //累加 i 的值
        }while(i<=10);    //当 i 小于或等于 10 时执行循环体
        System.out.println("从 1 到 10 的整数和为："+sum);
    }
}
```

程序执行结果如图 2-19 所示。

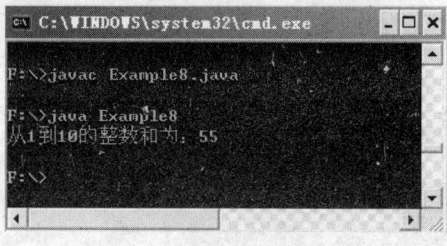

图 2-19　程序执行结果（3）

通过以上例子可以发现，对于同一个现实生活中的问题，可以用这三种循环语句来实现，效果是等价的。

注意：循环的嵌套就是在一个循环体内又包含另一个完整的循环结构，而在这个完整的循环体内还可以嵌套其他循环结构。

例 2-10　打印九九乘法表（Example9.java）

```
public class Example9
{
    public static void main(String args[])
    {
```

```
        for(int i=1;i<=9;i++)
        {
            for(int j=1;j<=i;j++)
            {
                System.out.print(i+"*"+j+"="+i*j+"\t");
            }
            System.out.print("\r\n");        //输出一个回车换行符
        }
    }
}
```

程序执行结果如图 2-20 所示。

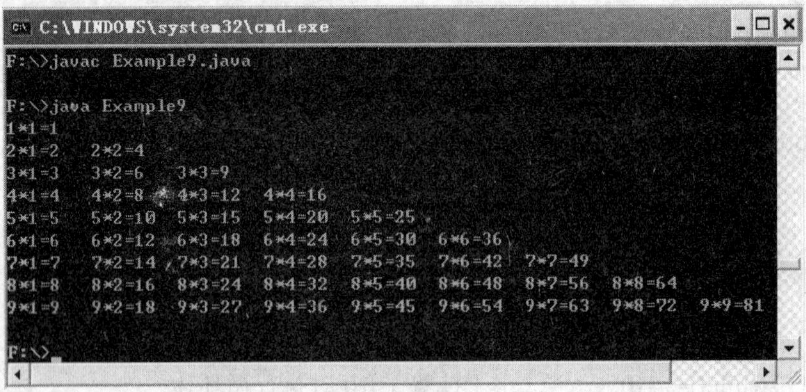

图 2-20　程序执行结果

例 2-11　输出如下图形（Example10.java）

```
    *
   * *
  * * *
 * * * *
* * * * *
```

```
public class Example10
{
    public static void main(String args[])
    {
        for(int i=1;i<=5;i++)            //外层循环
        {
            for(int j=1;j<=5-i;j++)    //内层循环输出空格
            {
                System.out.print(" ");
            }
            for(int k=1;k<=i;k++)      //内层循环输出"* "
            {
                System.out.print("* ");
            }
            System.out.print("\r\n");//输出一个回车换行符
```

```
                }
            }
        }
```
程序执行结果如图 2-21 所示。

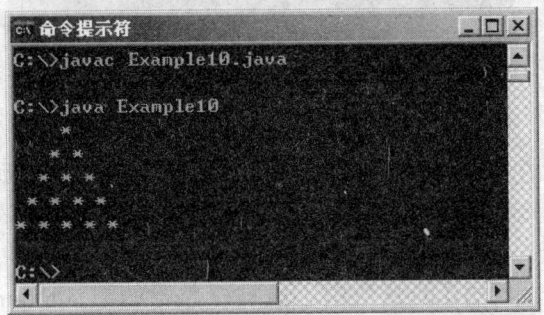

图 2-21　程序执行结果

2.6.3　跳转语句

Java 语言中支持的跳转语句包括 break 语句、continue 语句和 return 语句。

1．break 语句

break 语句可以终止循环或其他控制结构。它在 for、while 或 do-while 循环中，用于强行终止循环。

只要执行到 break 语句，就会终止循环体的执行。break 不仅在循环语句里适用，在 switch 多分支条件语句里也适用。

例 2-12　编写程序计算 1～10 整数的和（Example11.java）

```
public class Example11
{
    public static void main(String args[])
        {
        int i=1,s=0;
        while(true)    //循环条件永远为真
        {
            s+=i;
            i++;

            if(i>10)    //如果变量 i 的值大于 10，则终止循环
            {
                break;
            }
        }
        System.out.println("sum:"+s);
    }
}
```

程序执行结果如图 2-22 所示。

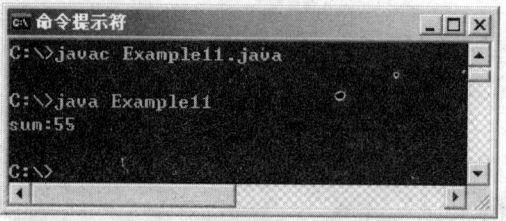

图 2-22　程序执行结果

2．continue 语句

continue 语句应用在 for、while 和 do-while 等循环语句中，如果在某次循环体的执行中执行了 continue 语句，那么本次循环就结束，即不再执行本次循环中 continue 语句后面的语句，而进行下一次循环。

例 2-13　编程输出 1~10 的整数中不能被 2 整除的数（Example12.java）

```java
public class Example12
{
    public static void main(String args[])
    {
        System.out.println("不能被 2 整除的数：");
        for(int i=1;i<=10;i++)
        {
            if(i%2==0)
            {
                continue;    //结束本次循环，直接进入下一次循环
            }
            System.out.print(i);
        }
    }
}
```

程序执行结果如图 2-23 所示。

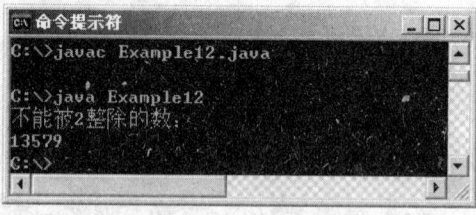

图 2-23　程序执行结果

3．return 语句

return 语句可以从一个方法返回，并把控制权交给调用它的语句。return 语句通常被放在方法的最后，用于退出当前方法并返回一个值。它的语法格式为：

return [表达式];

表达式是可选的，表示要返回的值。它的数据类型必须同方法声明中的返回值类型一致。例如，编写返回 a 和 b 两数相加之和的方法可以使用如下代码：

public int set(int a,int b)

```
{
    return    a+b;
}
```

如果方法没有返回值，可以省略 return 关键字的表达式，或者省略 return 语句，使方法结束。例如：

```
public void set(int a,int b)
{
    sum=a+b;
    return;   //或者省略这一句
}
```

习　题

1．简述编写一个 Java Application 程序的基本元素有哪些。

2．什么是常量与变量？它们之间有什么区别？

3．Java 语言的数据类型有哪些？

4．下列变量名哪些是合法的，哪些是不合法的？

　　AB?1　@cdf　1name　_age　private　# def　else　switch

5．已知 int i=7，那么执行 i<=150 后，i=（　　　）；如果 i=++i+150，i=（　　　）。

6．100/9=（　　　）；100%9=（　　　）。

7．已知 int a=5，那么执行 a<<=2 后，a=（　　　）。

8．求从 1 加到 100 的奇数和。

9．求 100 以内能够被 5 和 8 整除的数。

10．编程求一元二次方程 $ax^2+bx+c=0$ 的根，要求当用户从键盘输入任意 a，b，c 的值，程序能计算出相应的方程的根。

11．编程计算以下图形的面积（相关数据已在图中标出）。要求定义一个三角形类和一个矩形类，在这两个类中分别定义求面积的方法，在主类中创建它们的对象并实现求整个图形的总面积。

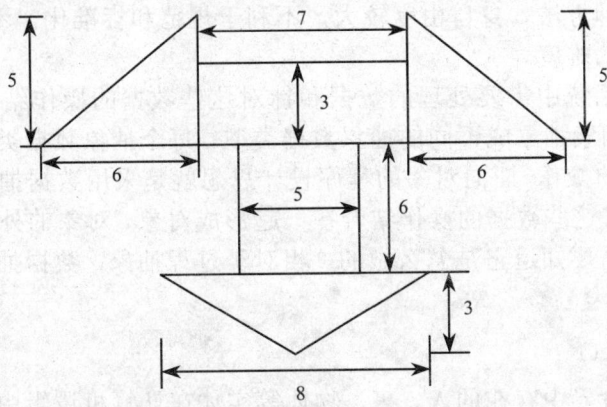

12．编程实现用户从键盘输入一个正整数 n，打印边长为 n 的空心正六边形，其边由 "*" 组成。

第 3 章　类与对象

面向对象的编程思想是当今程序设计的主流思想。与传统的面向过程的思想相比，面向对象的问题求解具有更好的可重用性、可扩展性和可管理性。本章将主要介绍 Java 语言面向对象技术的基础知识，包括面向对象的基本概念、面向对象的程序设计方法以及 Java 中的类、包、对象的特性及类的继承。

3.1　面向对象的基本概念

相对于传统的面向过程的程序设计方式，面向对象是新一代的程序开发模式，它通过模拟现实世界的事物，把软件系统抽象成各种对象的集合，以对象作为最小的系统单位，使得更接近于人类的自然思维，给程序开发人员更加灵活的思维空间。以下是在面向对象程序设计过程中经常用到的基本概念。

1．抽象（abstraction）

抽象是科学研究中经常使用的一种方法，它是指从被研究的对象中，抽取与研究工作相关的实质性的内容加以考察，忽略被研究对象中个别的、非本质的或与研究工作无关的次要因素，从而形成对所研究问题的正确认识。例如，我们常说的"人"就是一个抽象的概念，世上没有完全相同的两个人，但我们忽略每个人个体之间的差异，抽取所有人都具有的、本质的特征，就形成了"人"的概念。在计算机软件开发中，抽象可分为两种：过程抽象和数据抽象。

过程抽象是将整个系统的功能划分成若干部分，注重功能完成的过程。传统的面向过程软件开发思想就是采用这种抽象方式。过程抽象的优点是有利于降低整个程序的复杂程度，缺点是这种方法本身自由度较大，不利于规范和标准化，不易保证软件质量，且操作起来有一定的难度。

数据抽象是将系统中需要处理的数据和针对这些数据的操作结合在一起，根据功能、性质、作用等因素抽象成不同的抽象数据类型。每个抽象数据类型既包括数据，也包括针对这些数据的操作。面向对象的程序设计思想就是采用数据抽象来构建类与对象的，它将数据和针对这些数据的操作结合在一起形成对象，对象的外部只需要知道该对象能做什么，而不需要知道它是怎么做的。相对于过程抽象，数据抽象更为严格、更为合理。

2．对象（Object）

对象就是客观世界中存在的人、事、物体等实体在计算机逻辑中的映射。例如，马路上的一辆汽车就是一个实体，这个实体拥有外形、颜色、尺寸、发动机额定功率等属性，同时具有启动、加速、减速、熄火等功能。这样的一个实体在面向对象程序中就可以表示成一个计算机可以理解、具有特定属性和行为的对象。

3．类（Class）

具有相同或相似性质的对象经过抽象就形成了类。因此，对象的抽象是类，类的具体化就是对象，也可以说类的实例是对象。例如，我们经常见到各种各样的汽车，这些汽车是不同的实体（对象），但它们之间存在许多本质上的共同点，比如都具有颜色、尺寸、发动机额定功率等属性以及加速、减速等功能。将这些本质上的共同点经过抽象，就形成了汽车类。反过来，将汽车类实例化，就形成了一辆具体的汽车，也就是一个实体（对象）。

类中包括属性和操作。其中，属性是对象状态的抽象，用数据结构来描述类的属性；操作是对象行为的抽象，用操作名和实现该操作的方法来描述。

3.2 面向对象的基本特征

1．对象唯一性

每个对象都有自身唯一的标志，通过这种标志，可找到相应的对象。在对象的整个生命期中，它的标志都不改变，不同的对象不能有相同的标志。

2．分类性

分类性是指将具有一致的数据结构（属性）和行为（操作）的对象抽象成类。一个类就是这样一种抽象，它反映了与应用有关的重要性质，而忽略其他一些无关内容。任何类的划分都是主观的，但必须与具体的应用有关。

3．封装性

面向对象程序设计的核心思想之一就是将对象的属性和方法封装起来，只让用户知道并使用对象提供的属性和方法即可，并不需要知道其对象的具体实现。例如，一台电视机就是一个封装的对象，当我们需要观看电视、切换节目内容时，只需要使用它提供的遥控器输入节目信息，然后选择即可，而并不需要知道电视机内部是如何工作的。

封装的原则在软件上的反映是：要求使对象以外的部分不能随意存取对象的内部数据（属性），从而有效避免了外部错误对它的"交叉感染"，使软件错误能够局部化，大大减少查错和排错的难度。

4．继承性

在面向对象程序中，可以允许通过继承原有类的某些特性和全部特性而产生新的类，这些原有的类称为父类（或基类、超类），产生的新类称为子类（或派生类）。子类不但可以直接继承父类的公共属性和方法，也可以创建它特有的属性和方法。例如，假设已经存在一个手机类，该类中包括两个方法，分别是接听电话的方法 Receive()和拨打电话的方法 Send()，这两种方法对所有的手机都适用。现在要设计出一个时尚的手机，该类中除了要包括普通手机类的 Receive()和 Send()方法外，还需要包括拍照方法 Photograph()、视频录像的方法 Mpeg()和播放电子书的方法 Playbook()，这时就可以通过先让时尚手机类继承手机类，然后再添加新的方法完成时尚手机的创建，如图 3-1 所示。由此可见，继承可以简化对新类的设计。本书在第 4 章将详细介绍继承。

继承性是子类自动共享父类数据结构和方法的机制，这是类之间的一种关系。在定义和实现一个类的时候，可以在一个已经存在的类的基础之上来进行，将这个已经存在的类所定义的内容作为自己的内容，并加入若干新的内容。

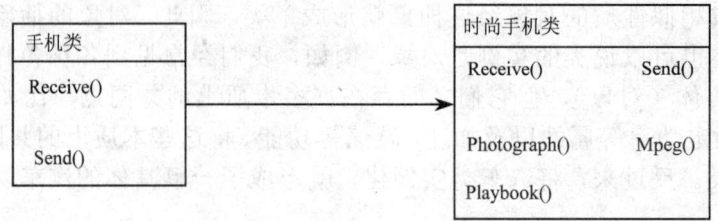

图 3-1　手机类与时尚手机类继承关系图

5．多态性

多态性是指相同的操作方法、过程可作用于多种类型的对象上并获得不同的结果。不同的对象，收到同一消息可以产生不同的结果，这种现象称为多态性。多态性允许每个对象以适合自身的方式去响应共同的消息。多态性增强了软件的灵活性和重用性，它是面向对象程序设计的一个重要特性。本书将在第 4 章详细介绍多态。

3.3　Java 中的类与对象

3.3.1　类

Java 中的类可以分为两种：系统定义的类和用户程序自定义的类。

1．系统定义的类

Java 系统中有一个类库，其中包含了许多系统预先定义好的类，在编程时可以直接使用。这些系统定义好的类根据实现的功能不同，可以划分成不同的集合，每个集合被称为一个包，每个包都包含了一些围绕某个主题的类和接口。Java 中的类库大部分是由 Sun 公司提供的，这些类库被称为基础类库（JFC），还有一些类库是由其他软件开发商提供的。随着 Java 应用的扩展，它的类库也在不断地扩展，功能越来越强大。下面介绍 Java 中一些常用的包。

（1）java.lang 包

java.lang 包是 Java 语言的核心类库，其中包含了运行 Java 语言必不可少的系统类，如基本数据类型、基本数学函数、线程、异常处理类等。在 Java 程序运行时，系统会自动默认加载该包。

（2）java.io 包

java.io 包是 Java 语言的标准输入/输出类库，其中包含了实现 Java 程序与操作系统、用户界面以及其他 Java 程序作数据交换所使用的类。一般情况下，凡是需要实现与操作系统有关的底层输入/输出操作的 Java 程序，都需要用到该包。

（3）java.util 包

java.util 包提供了 Java 语言中的一些低级的实用工具，如数据结构类、日期类、随机数类、变长数组类等。

（4）java.awt 包

java.awt 包是 Java 语言用来构建图形用户界面（GUI）的类库，包括许多界面元素和资源。java.awt 包提供 Java 语言中的图形类、组成类、容器类、排列类、几何类、事件类和工具类等。

（5）java.awt.event 包

java.awt.event 包是对 JDK 1.0 版本中原有的 Event 类的一个扩充，它使得程序可以用不同的方式来处理不同类型的事件，该包中定义了许多不同类型的事件监听器类，使每个图形界面元素本身可以处理它上面的事件。

（6）java.net 包

java.net 包中包含一些与网络相关的类和接口，以方便应用程序在网络上传输信息。如主机名解析类、实现套接字通信的 Socket 类和 ServerSocket 类、资源定位器（URL）类等。

（7）java.applet 包

java.applet 包是用于实现运行于 Internet 浏览器中的 Java Applet 的工具类库，它包含用于产生 Applet 的类和用于 Applet 通信的类。Applet 类称为小应用程序类，通常所说的 Applet 程序必须集成该类，Applet 是一种专门化的面板，需要嵌入到 HTML 网页中，由与 Java 语言兼容的浏览器执行。

（8）java.math 包

java.math 包中包含了大量实现整数算术运算和十进制算术运算的类。

（9）java.text 包

java.text 包中包含了所有处理文本或日期格式的类。

（10）java.sql 包

java.sql 包是实现 JDBC 的类库。利用该包可以使 Java 程序具有访问不同数据库的功能。

2．用户程序自定义的类

Java 虽然提供了许多定义好的类供用户程序加载，但用户程序仍然需要根据特定的问题来定义自己的类。类分为类头和类体两部分，其中类体又分为属性和方法两部分。下面的程序片段就定义了一个汽车类。

例 3-1　定义一个汽车类 Auto

```java
class Auto    //类头
{
    //定义类的属性，即数据成员（域），它们是对象状态的抽象
    double length;      //长度
    double width;       //宽度
    double height;      //高度
    String color;       //颜色
    String condition;   //状态
    int speed;          //速度
    //定义类的操作，即方法，它们是对象行为的抽象
    void setSize(double len,double wid,double hei)
    {
        length=len;
        width=wid;
        height=hei;
    }
    void setColor(String col)
    {
        color=col;
```

```
        }
        String getColor()
        {
            return color;
        }
        void start()
        {
            condition="running";
        }
        void stop()
        {
            condition="parking";
        }
        void setSpeed(int spe)
        {
            speed=spe;
        }
        String getSpeed()
        {
            return speed;
        }
}
```

在该程序片段中，首先定义了 length、width、height、color、condition、speed 这几个数据成员，它们是 Auto 类的属性，是从所有汽车对象中抽象而来的，被称为域。然后定义了类的方法成员：setSize()、setColor()、getColor()、start()、stop()、setSpeed() 和 getSpeed()，它们是 Auto 类的操作，是对所有汽车对象的行为抽象。

由该程序片段可以看出，在 Java 语言中，用户自定义类的语法格式如下：

```
class  类名
{
    数据成员;
    方法成员;
}
```

3.3.2 创建对象与定义构造函数

1. 创建对象

类定义好后，就可以用它来创建对象。对象是以类为模板创建的具体实例，每当创建了一个对象，系统就会为该对象分配相应的内存空间来存放域和方法。创建对象的一般格式为：

类名 对象名 = new 构造函数();

例如，以例 3-1 中的 Auto 类来创建对象，可以用以下语句：

Auto myAuto1=new Auto();
Auto myAuto2=new Auto();

这两条语句分别创建了 Auto 类的两个对象 myAuto1 和 myAuto2。系统为这两个对象分别开辟了相应的内存空间，无论 myAuto1 还是 myAuto2 的内存空间中都包含了 Auto 类中所定义的域和方法，但 myAuto1 中的域和方法与 myAuto2 中的无关，因为这两个对象拥有各自独立的内存空间，这就是面向对象的封装特性的体现。在引用对象中的域或方法时，要以对象名作为前缀，表明该域或方法是属于哪个对象的。例如，myAuto1.speed 就表示引用的是对象 myAuto1 中的 speed 域；而 myAuto2.getColor()就表示引用的是对象 myAuto2 中的 getColor()方法。

2．定义构造函数

每创建一个类的对象都要去初始化它的所有变量是件令人厌烦的事情。因此，Java 在类里提供了一个特殊的成员方法，叫做构造函数（Constructor）。在创建对象的同时可以调用该对象中的构造函数来完成所有的初始化工作。

构造函数是对象被创建时初始化对象的成员方法，它的方法名与它所在类的类名完全相同。一旦定义好一个构造函数，创建对象时就会自动调用它。构造函数没有返回类型。这是因为一个类的构造函数的返回值的类型就是这个类本身。构造函数的任务是初始化一个对象的内部状态，所以用 new 操作符创建一个实例后，就会得到一个清楚、可用的对象。

构造函数是一种特殊的方法，具有以下特点。

1）构造函数的方法名必须与类名相同。

2）构造函数没有返回类型，也不能定义为 void。

3）构造函数的主要作用是完成对象的初始化工作，它能够把定义对象时的参数传给对象的域。

4）构造函数不能由编程人员调用，而是由系统调用。

5）如果在定义类时没有定义构造函数，则系统会自动定义一个无参数的默认空构造函数，这个构造函数没有任何语句，不执行任何操作。例如，前面创建的 myAuto1 和 myAuto2 这两个对象都是调用默认的无参构造函数来进行初始化的。

6）一个类可以定义多个构造函数，从而实现构造函数重载，以参数的个数、类型或排列顺序区分（第 4 章将介绍）。

例如，可以在例 3-1 中的 Auto 类中定义如下一个构造函数来初始化它的域。

```
Auto(double len,double wid,double hei,String col,String con,int spe)
{
    length=len;
    width=wid;
    height=hei;
    color=col;
    condition=con;
    speed=spe;
}
```

定义了构造函数之后，在创建对象时就可以调用它来完成对象的初始化工作。例如：

```
Auto myAuto1=new Auto(5,1.8,1.6, "red", "parking",0);
Auto myAuto2=new Auto(4.4,1.7,1.5, "blue","running",60);
```

此时创建的 Auto 类的两个对象 myAuto1 和 myAuto2 在创建的同时就完成了对各自的域进行初始化的工作。其中，对象 myAuto1 的长度为 5，宽度为 1.8，高度为 1.6，颜色为 red，状态为 parking，速度为 0；对象 myAuto2 的长度为 4.4，宽度为 1.7，高度为 1.5，颜色为 blue，状态为 running，速度为 60。如图 3-2 所示。

由此可见，一般在定义构造函数时，经常会定义若干个形式参数，在创建对象时调用该构造函数，给出相应的实际参数，以指定新建对象各个域的初始值。当然，构造函数的作用不光是赋值，还可以完成其他操作。

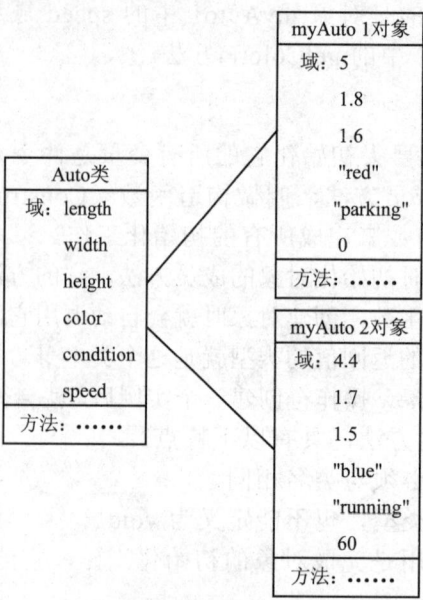

图 3-2　使用构造函数初始化对象

下面的程序在例 3-1 的基础上进行了一些修改，增加构造函数。

例 3-2　完整的 Auto 类示例（myAutoexample.java）

```java
public class myAutoexample    //定义主类
{
    public static void main(String args[])
    {
        //创建并调用构造函数初始化对象 myAuto1
        Auto myAuto1=new Auto(5,1.8,1.6,"red","parking",0);

        //创建并调用构造函数初始化对象 myAuto2
        Auto myAuto2=new Auto(4.4,1.7,1.5,"blue","running",60);

        String s1,s2;
        //分别输出 myAuto1 和 myAuto2 中各个域的值
        System.out.println("汽车 1：");
        s1="长"+myAuto1.length+" 宽"+myAuto1.width+" 高"+
            myAuto1.height+" 颜色"+myAuto1.color+" 状态"+
            myAuto1.condition+" 速度"+myAuto1.speed;
        System.out.println(s1+"\n");

        System.out.println("汽车 2：");
        s2="长"+myAuto2.length+" 宽"+myAuto2.width+" 高"+
            myAuto2.height+" 颜色"+myAuto2.color+" 状态"+
            myAuto2.condition+" 速度"+myAuto2.speed;
        System.out.println(s2+"\n");
```

```
        myAuto1.start();            //调用 myAuto1 中的 start()方法
        myAuto1.setSpeed(80);       //调用 myAuto1 中的 setSpeed()方法

        System.out.println("汽车 1 已启动，目前的状态是"+myAuto1.condition+
            ",速度为"+myAuto1.getSpeed());
    }
}

class Auto    //定义 Auto 类
{
    //定义域
    double length;
    double width;
    double height;
    String color;
    String condition;
    int speed;

    //定义构造函数
    Auto(double len,double wid,double hei,String col,String con,int spe)
    {
        length=len;
        width=wid;
        height=hei;
        color=col;
        condition=con;
        speed=spe;
    }

    //定义普通方法
    void setColor(String col)
    {
        color=col;
    }
    String getColor()
    {
        return color;
    }
    void start()
    {
        condition="running";
    }
    void stop()
    {
        condition="parking";
```

```
        }
        void setSpeed(int spe)
        {
            speed=spe;
        }
        int getSpeed()
        {
            return speed;
        }
    }
```

程序执行结果如图 3-3 所示。

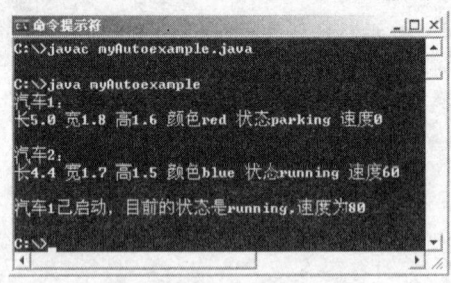

图 3-3   程序执行结果

3.4   类的继承

3.4.1   继承的概念

继承是面向对象编程中最重要的一个特性，它体现了类与类之间的一种关系。继承是从原有类中派生出新的类，新类可以获取原有类的所有非私有属性和方法，也可以添加自己特有的属性和方法。其中原有的类叫父类，又叫超类或基类；新创建的类叫子类，又叫派生类。父类是子类的一般化，子类是父类的特殊化、具体化。现实世界很多东西之间都存在这种关系，例如，彩色电视机是电视机的一种特例，大学生是学生的一种特例。再例如，车包括机动车和非机动车，机动车包括汽车、火车等，非机动车包括自行车、人力三轮车等，车有机动车和非机动车的公共属性，机动车有汽车、火车等的公共属性。一般和特殊是相对而言的，在车和机动车之间，车是一般类（基类、超类、父类），机动车是特殊类（子类）；在机动车和汽车之间，机动车是一般类，汽车是特殊类。

继承分为单继承和多继承。单继承是一个子类最多只能有一个父类；多继承是一个子类可以有两个或两个以上的父类。在现实世界中，继承可以是多重的。但是多继承会带来二义性，出于安全和可靠性考虑，Java 语言中的类只支持单继承，只有接口支持多继承。Java 多继承的功能则是通过接口方式来间接实现的。

使用继承的主要优点是：使程序结构清晰，提高代码重用率，降低编码和维护的工作量。在继承关系中，子类通过继承父类的非私有属性和方法，并增加新功能或修改已有功能来创建新类。软件代码重用性既减少了代码书写量，又提高了软件的开发效率。

3.4.2   继承关系的定义

Java 中的继承用关键词 extends 来实现，在定义类时用 extends 指明它所继承的父类。继承关系定义的一般格式如下：

```
[类修饰符] class 子类名 [extends 父类名]
{
        成员变量定义;
        成员方法定义;
}
```

在 Java 中，系统类 Object 定义和实现了 Java 语言所需要的众多类的共同行为，它是所有类的基类，即 Object 类是所有类的父类。如果新定义的类没有指定父类，则默认继承系统类 Object。

例 3-3 通过继承来定义子类（Student.java）

```java
class People
{
        public String name;
        public char sex;
        private int age;
        public void getInfo( )
        {
                System.out.println("父类 People");
        }
}
public class Student extends People
{
        public String school;
        public static void main(String args[ ])
        {
                Student s=new Student( );
                s.getInfo( );
        }
}
```

上面程序的运行结果为：

父类 People

本例定义了两个类：People 类和 Student 类。其中 Student 类是 People 类派生出的子类。子类 Student 中虽然没有定义 getInfo()方法，但通过继承，可将父类 People 中的 getInfo()方法继承过来，因此子类 Student 的对象可以像使用自己的方法一样使用继承自父类的方法。

3.4.3 域和方法的继承

1. 域的继承与隐藏

子类可以继承父类的所有非私有域。例如，例 3-3 中各类的域分别如下。

People 类：

```
public String name;
public char sex;
```

private int age;	//私有域，子类不能继承

Student 类：

public String name;	//继承自父类 People
public char sex;	//继承自父类 People
public String school;	

　　子类不需要重复定义与父类相同的域，只需继承就可以，这样可以减少程序维护的工作量，提高代码复用率。

　　子类也可以重新定义一个与从父类继承来的域变量完全相同的变量，这时子类中有两个同名的变量，一个是继承自父类的，一个是自定义的。当子类执行继承自父类的操作时，处理的是继承自父类的变量，而当子类执行它自己声明的方法时，所操作的就是它自己声明的变量，而把继承自父类的同名变量"隐藏"起来，这称为域的隐藏。

　　例 3-4　域的隐藏

```
class A
{
    int x ;
    int setx(int y)
    {
        x=y;
        return x;
    }
}
class B extends A
{
    int x = 10;        //声明了一个与父类同名的变量 x，隐藏父类的变量 x
    void showx( )
    {
        System.out.println(x);
    }
}
public class Test
{
    public static void main(String args[ ])
    {
        B b=new B( );
        System.out.println("子类中的 x 值: "+b.x+"\n 父类中的 x 值: "+b.setx(50));
    }
}
```

　　程序运行结果如图 3-4 所示。

　　例 3-4 中，Test 类中创建了一个 B 类的对象 b，该对象有两个变量 x，一个继承自父类 A，另一个是在 B 子类中自定义的变量 x。根据域的隐藏原则，在输出语句"System.out.println("子类中的 x 值: "+b.x+"\n 父类中的 x 值: "+b.setx(50));"中，b.x 调用的是在子类 B 中重新定义的变量 x，b.setx(50)调

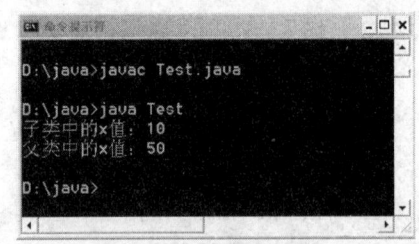

图 3-4　程序运行结果

用的是父类的 setx( )方法，这时初始化的是父类的变量 x。

2．方法的继承与覆盖

子类可以继承父类的所有非私有方法。例 3-4 中的语句"b.setx(50)"调用的 b 对象的 setx( )方法是继承自父类 A。

与域的隐藏类似，子类也可以重新定义与父类同名的方法，实现对父类方法的覆盖。与域的隐藏不同，子类隐藏父类的域只是使之不可见，父类的同名域在子类对象中仍然占有自己的内存空间；子类方法对父类同名方法的覆盖将清除父类方法占用的内存，从而使父类方法在子类对象中不存在。

方法覆盖中需要注意的问题是：子类在重新定义父类已有的方法时，应保持与父类完全相同的方法头声明，即应与父类有完全相同的方法名、返回值和参数列表；否则就不是方法的覆盖，而是子类定义自己的与父类无关的方法，父类的方法未被覆盖，所以仍然存在。

例 3-5　方法的覆盖

```java
class People
{
    public String name;
    int age;
    public void getInfo( )
    {
        System.out.println("父类 People");
    }
}
public class Student extends People
{
    public String school;
    Student(String n,int a,String sch)
    {
        name=n;
        age=a;
        school=sch;
    }
    public void getInfo( )
    {
        System.out.println("学生信息如下:\n 姓名："+name+"\n 年龄:"+age
                            +"\n 学校:"+school);
    }
    public static void main(String args[ ])
    {
        People p=new People( );
        p.getInfo( );
        Student s=new Student("刘安",20,"清华大学");
        s.getInfo( );
    }
}
```

程序运行结果如图 3-5 所示。

例 3-5 中，子类 Student 中定义了与父类 People 同名的 getInfo( )方法，该方法覆盖了父类的 getInfo( ) 方法，即子类中只有一个 getInfo( )方法，就是在子类中重新定义的 getInfo( )方法。语句 "p.getInfo( );" 是对象 p 调用父类 People 的 getInfo( )方法，语句 "s.getInfo( );" 是对象 s 调用子类 Student 中定义的 getInfo( )方法。

图 3-5　程序运行结果

3.4.4　this 和 super 的用法

this 和 super 是 Java 语言中的两个常用关键字。this 常用来指代子类对象，super 常用来指代父类对象。this 和 super 与继承有密切关系。

1．this

this 定义为被调用方法的当前对象的引用。对象的引用可以理解为对象的另一个名字，通过引用可以顺利地访问到对象，包括访问、修改对象的域以及调用对象的方法。this 引用仅能出现在类的方法体中。

一个对象可以有若干个引用，this 是其中之一。利用 this 可以调用当前对象的方法或使用当前对象的域。例如，在例 3-4 中 A 类的 setx ( )方法需要访问同一个对象的域 x，可以利用 this 写成：

```
int setx(int y)
{
    x=y;
    return this.x;
}
```

表示返回的是当前同一个对象的 x 域，当然在这种情况下 this 也可以不加。this 指自己这个对象，可用来与同名变量或方法相区分。如下程序就是则通过 this 来区分同名的类成员变量和方法的局部变量。

```
class Circle
{
    double   r;
    Circle(double r)
    {
        this.r=r;
    }
    public double area( )
    {
        return 3.14*r*r;
    }
}
```

在上面程序类 Circle 的构造函数中，this.r 引用实例变量 x，即 this.r 中的 r 指类 Circle 的属性 r，而不是类 Circle 的构造函数中的参数 r。

this 还有一个重要用法，就是调用当前对象的构造函数。这部分内容将在第 4 章介绍。

2．super

super 表示的是当前对象的直接父类对象，是当前对象的直接父类对象的引用。通过 super 可以显示访问父类的域、方法和构造函数。

例 3-6　调用被覆盖的方法，引用被隐藏的成员变量（Test.java）

```java
class superclass
{
    int x;
    void getInfo( )
    {
        System.out.println("父类的域 x 的值为:"+x);
    }
}
class subclass extends superclass
{
    int x;
    void getInfo( )
    {
        x=20;
        super.x=30;
        super.getInfo( );
        System.out.println("子类的域 x 的值为:"+x);
    }
}
public class Test
{
    public static void main(String args[ ])
    {
        subclass s=new subclass( );
        s.getInfo( );
    }
}
```

程序运行结果如图 3-6 所示。

例 3-6 中，子类 subclass 的域 x 隐藏了父类 superclass 的域 x，通过语句"super.x=30;"来修改被隐藏的域的值；子类 subclass 的方法 getInfo()覆盖了父类 superclass 的方法 getInfo()，通过语句"super.getInfo();"来调用被子类覆盖的父类的方法。

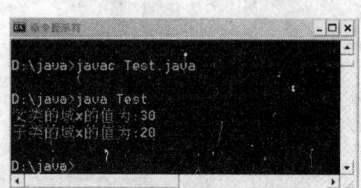

图 3-6　程序运行结果

3.4.5　子类的构造函数

一个子类可以继承父类的所有非私有域和方法，但它不能继承构造函数，所以必须定义自己的构造函数或使用默认的构造函数。在创建子类对象时，必须先调用父类的构造函数，然后才调用子类自身的构造函数。子类在调用父类构造函数时遵守以下原则。

1）在子类的所有构造函数中，必须首先调用一个父类的构造函数。

2）如果子类自己没有构造函数，则它将调用父类的无参数构造函数作为自己的构造函数；如果子类自己定义了构造函数，则在创建新对象时，它将先执行继承自父类的无参数构造函数，然后再执行自己的构造函数。

3）子类可在自己的构造函数中使用 super(...) 来调用父类带参数的构造函数。super(...)调用语句必须是子类构造函数中的第一个可执行语句。

例 3-7　调用父类的构造函数（TestConstructor.java）

```java
class Person
{
    String name;
    int age;
    Person( )
    {
        System.out.println("父类 Person 的构造函数");
    }
    Person(String name,int age)   //实现了构造函数重载（将在第 5 章介绍）
    {
        this.name=name;
        this.age=age;
    }
}
class Student extends Person
{
    String sno;
    Student(int a)
    {
        age=a;
        System.out.println("子类 Student 的构造函数,年龄为:"+age);
    }
    Student(String sname,int sage,String no)
    {
        super(sname,sage);
        sno=no;
    }
    String getInfo( )
    {
        return "学生信息如下:"+"\n 姓名:"+name+"\n 年龄:"+age+"\n 学号:"+sno;
    }
}
public class TestConstructor
{
    public static void main(String args[ ])
    {
        Student s1=new Student(25);
        Student s2=new Student("张明",22,"005");
        System.out.println(s2.getInfo( ));
    }
}
```

程序运行结果如图 3-7 所示。

例 3-7 程序演示了创建子类对象时构造函数的调用。从运行结果可以看到，在创建对象 s1 时，并不是立即执行类 Student 的带一个参数的构造函数，而是先调用父类 Person 的无参数的构造函数。在创建对象 s2 时，在子类 Student 的构造函数中通过语句 "super(sname,sage);" 显示调用父类的带两个参数的构造函数，初始化子类的域 name

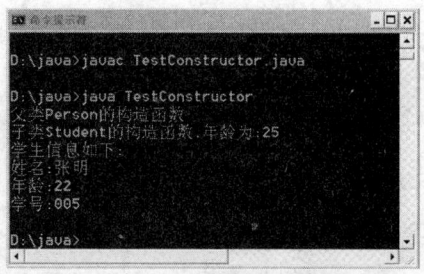

图 3-7　程序运行结果

和 age，该 super 语句必须是子类构造函数的第一条可执行语句。

综上所述，在子类构造函数中，必须调用父类的构造函数。在创建子类对象时，可以用 super 语句指定调用父类的带参数的构造函数；也可以不用 super 语句，则系统将默认调用父类的无参数的构造函数，此时需要确保父类有无参数的构造函数，否则在编译时就会出错。

3.5　抽象类与最终类

在实际软件开发中，有时定义了一个类，但并不希望使用这个类去创建对象，而只是希望用它来派生子类，这时可以将这个类定义为抽象类。相反，有时候定义了一个类，而不希望这个类被继承，只是用它来创建对象，这时可以将这个类定义为最终类。

3.5.1　抽象类

所谓抽象类，就是指没有具体对象的概念类。在定义抽象类时，需要使用 abstract 修饰符来修饰它。抽象类实际上就是在现有的相关类的基础上进一步抽象而形成的类。例如，在轿车、卡车、公共汽车等类型的汽车的基础上可以进一步抽象出汽车类。汽车类包括了所有汽车都共同具备的特性，而任何一辆具体的汽车都是由汽车类经过特殊化而形成的某个子类的对象。这时，就可以将汽车类定义成抽象类。

抽象类只是用来派生子类，而不能用它来创建对象。下面的程序创建了一个抽象的汽车类，并由它派生子类。

例 3-8　抽象类示例（myAbstractAuto.java）

```java
public class myAbstractAuto      //定义主类
{
    public static void main(String args[])
    {
        //创建并调用构造函数初始化对象 myCar 及 myTruck
        Car myCar=new Car(5,1.8,1.6,"red","running",80,5);
        Truck myTruck=new Truck(11,2,3,"blue","parking",0,8.5);

        System.out.println("myCar 的颜色为"+myCar.color+",
            乘客人数为"+myCar.passengers);

        System.out.println("myTruck 的状态为"+myTruck.condition+",
            载重为"+myTruck.carrying_capacity);
```

```
        }
    }

    abstract class Auto    //定义抽象类 Auto
    {
        //定义域
        double length;
        double width;
        double height;
        String color;
        String condition;
        int speed;

        //定义普通方法
        void start()
        {
            condition="running";
        }
        void stop()
        {
            condition="parking";
        }
    }

    class Car extends Auto    //定义 Car 类，它继承自 Auto 类
    {
        int passengers;
        //定义构造函数
        Car(double len,double wid,double hei,String col,String con,int spe,int pas)
        {
            length=len;
            width=wid;
            height=hei;
            color=col;
            condition=con;
            speed=spe;
            passengers=pas;
        }

        int getPassengers()
        {
            return passengers;
        }
    }

    class Truck extends Auto    //定义 Truck 类，它继承自 Auto 类
```

```
{
    double carrying_capacity;
    //定义构造函数
    Truck(double len,double wid,double hei,String col,String con,int spe
          ,double car_cap)
    {
        length=len;
        width=wid;
        height=hei;
        color=col;
        condition=con;
        speed=spe;
        carrying_capacity=car_cap;
    }

    double getCar_cap()
    {
        return carrying_capacity;
    }
}
}
```

程序运行结果如图 3-8 所示。

在例 3-8 程序中，首先定义了抽象类 Auto，其中定义了 length、width、height、color、condition、speed 这几个域以及 start()和 stop()这两个方法。由 Auto 类派生出了两个子类：Car 和 Truck。其中 Car 类在继承了抽象类 Auto 中所有的域和方法后，又定义了自己的域 passengers、方法 getPassengers ()

图 3-8　程序运行结果

以及构造函数；Truck 类在继承了 Auto 类中所有的域和方法后，又定义了自己的域 carrying_capacity、方法 getCar_cap()以及构造函数。在主类中创建了 Car 类的对象 myCar 和 Truck 类的对象 myTruck，但不能创建 Auto 类的对象，因为它是抽象类。

3.5.2　最终类

最终类就像它的名称一样，是"最终"的类，用 final 修饰符来修饰它。与抽象类相反，最终类只能用来创建对象，而不能被继承。最终类通常是一些有固定作用、用来完成某种标准功能的类。例如以下的程序片段：

```
final class Car extends Auto    //定义最终类 Car，它继承自 Auto 类
{
    int passengers;
    //定义构造函数
    Car(double len,double wid,double hei,String col,String con,int spe,int pas)
    {
        length=len;
        width=wid;
        height=hei;
```

```
            color=col;
            condition=con;
            speed=spe;
            passengers=pas;
        }

        int getPassengers()
        {
            return passengers;
        }
    }
```

在以上程序片段中，定义 Car 类时使用了 final 修饰符，说明 Car 类是最终类，只能创建该类的对象，而不能由它派生出其他子类。

需要注意的是：abstract 和 final 不能同时修饰一个类，因为 abstract 修饰的类不能用来创建对象，只能由它派生出子类后再创建子类的对象，而 final 修饰的类不能再派生子类，而只能用来创建对象，所以如果 abstract 与 final 同时修饰一个类，那么这个类将无法使用。

3.6 域

在前面的示例程序中，已经多次接触到"域"，例如，在例 3-8 的 Auto 类中定义的length、width、height、color 等。在定义一个类时，通常需要定义若干个域用来保存类或对象的数据。域的类型可以是任意数据类型，包括基本数据类型、类、接口或数组等。在一个类中，域名必须是唯一的。

在 Java 程序中，除了可以定义一般的域外，还可以定义一些特殊种类的域，如静态域和最终域。

3.6.1 静态域

1. 静态域的定义与使用

与一般的域不同，静态域是属于类的域，它不属于任何一个类的对象。它被保存在类的内存区域的公共存储单元中，而不是某个对象的内存区域中。所以对于该类的对象而言，静态域是公共的，该类的任何一个对象访问它时都会得到相同的值，并且任何一个对象都可以修改它。在定义静态域时，需要使用关键字 static 来修饰。下面以一个示例程序来演示静态域的特征。

例 3-9 静态域示例（MyStaticField.java）

```
public class MyStaticField
{
    public static void main(String args[])
    {
        //创建 Car 类的两个对象 myCar1 和 myCar2
        Car myCar1=new Car(5,1.8,1.6,"red","running",80);
        Car myCar2=new Car(4.6,1.7,1.5,"blue","running",60);
```

```
        Car.passengers=4;   //以类名作前缀访问 passengers

        System.out.println("myCar1 的载客量为"+myCar1.passengers);
        System.out.println("myCar2 的载客量为"+myCar2.passengers);
        System.out.println("Car 类的乘客人数为"+Car.passengers+"\n");

        myCar1.passengers=5;   //以对象名作前缀访问 passengers

        System.out.println("myCar1 的载客量为"+myCar1.passengers);
        System.out.println("myCar2 的载客量为"+myCar2.passengers);
        System.out.println("Car 类的乘客人数为"+Car.passengers);
    }
}

class Car
{
    static int passengers;   //定义静态域
    double length,width,height;
    String color,condition;
    int speed;

    //定义构造函数
    Car(double len,double wid,double hei,String col,String con,int spe)
    {
        length=len;
        width=wid;
        height=hei;
        color=col;
        condition=con;
        speed=spe;
    }
}
```

程序运行结果如图 3-9 所示。

由例 3-9 程序不难看出，访问静态域时，既可以使用类名作前缀，也可以使用对象名作前缀。类以及该类的任何一个对象都可以修改它。

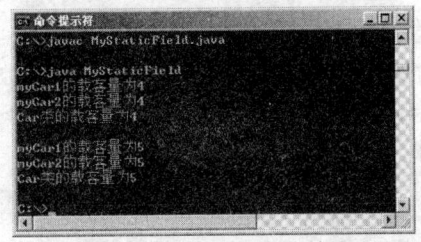

图 3-9　程序运行结果

2. 静态初始化器

静态初始化器的作用与构造函数有些相似，但与构造函数不同的是，静态初始化器是用来对类自身进行初始化的；它不是方法，而是由关键字 static 引导的一对大括号括起来的语句组；它在所属的类载入内存时，由系统调用执行。

下面以一个示例程序来演示静态初始化器的使用。

例 3-10　静态初始化器示例（MyStatic.java）

```java
public class MyStatic
{
    public static void main(String args[])
    {
        Car myCar=new Car(5,1.8,1.6,"red","running",80);
        System.out.println("myCar 的速度为"+myCar.speed+",
            载客量为"+myCar.passengers);
    }
}

class Car
{
    static int passengers;    //定义静态域
    double length,width,height;
    String color,condition;
    int speed;

    //定义构造函数
    Car(double len,double wid,double hei,String col,String con,int spe)
    {
        length=len;
        width=wid;
        height=hei;
        color=col;
        condition=con;
        speed=spe;
    }

    static    //静态初始化器
    {
        passengers=5;
    }
}
```

程序运行结果如图 3-10 所示。

由例 3-10 程序不难看出，构造函数一般用于初始化普通域，而静态初始化器用于初始化静态域。

图 3-10　程序运行结果

3.6.2　最终域

最终域是使用 final 修饰符修饰的域，它表示一个符号常量。一个类的域如果被修饰符 final 所修饰，则它的取值在程序的整个执行过程中都是不变的。在使用 final 定义域时，需要指明该域的数据类型和具体取值。另外，由于某个类的所有对象的常量成员，其数值都是一样的，所以通常在定义时会加上 static 修饰符，将其定义为静态的域，这样可以节省内存空间。

下面来看一个示例程序，该程序是在例 3-10 的基础上作了小的修改。

例 3-11 最终域示例（MyFinalField.java）

```java
public class MyFinalField
{
    public static void main(String args[])
    {
        Car myCar=new Car(5,1.8,1.6,"red","running",80);
        System.out.println("myCar 的速度为"+myCar.speed+",
            载客量为"+myCar.passengers);
    }
}

class Car
{
    static final int passengers=5;    //定义静态的最终域
    double length,width,height;
    String color,condition;
    int speed;

    //定义构造函数
    Car(double len,double wid,double hei,String col,String con,int spe)
    {
        length=len;
        width=wid;
        height=hei;
        color=col;
        condition=con;
        speed=spe;
    }
}
```

程序运行结果如图 3-11 所示。

图 3-11 程序运行结果

3.7 方法

方法体现着类所具有的功能与操作，是类的动态属性。在前面的示例程序中，已多次接触到了方法。定义方法的一般格式如下：

```
[修饰符列表] 返回值类型 方法名（形式参数列表） [throw 异常列表]
{
    方法体语句;
}
```

其中，修饰符列表是可选的，可以包括 0 个或多个修饰符；返回值类型表示方法体中 return 语句所返回的值的类型，如果没有返回值则此处用 void 表示；形式参数列表可以包括 0 个或多个形式参数；异常列表是可选的，可以包含 0 个或多个异常，关键字 throw 将异常抛出。有关异常的相关知识，将在第 9 章介绍。

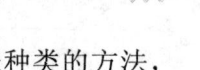

在 Java 程序中，除了可以定义一般的方法外，还可以定义一些特殊种类的方法，如抽象方法、静态方法、最终方法、本地方法和同步方法。下面介绍两种比较常见的特殊方法：抽象方法和静态方法。

3.7.1 抽象方法

在编写 Java 程序时，可能会遇到这种情况：例如，定义一个抽象类 Human（人类），由它派生出中国人、英国人这两个子类；无论是中国人还是英国人都需要吃饭，所以可以在 Human 类中定义一个吃饭的方法，由这两个子类去继承；但中国人与英国人具体吃饭的操作却不一样，中国人使用筷子，而英国人使用刀叉，所以在 Human 类中难以定义吃饭的具体操作，那怎么解决这个问题呢？这时就可以考虑将 Human 类中吃饭的方法定义成一个抽象方法。

抽象方法是一种定义在抽象类中，且只有方法头，而没有具体方法体的方法，定义它时须使用关键字 abstract 来修饰。如果该抽象类派生出的子类是非抽象类，则必须在子类中为抽象方法书写方法体。

下面通过一个示例程序来演示抽象方法的应用。

例 3-12　抽象方法应用示例（MyAbstractMethod.java）

```java
public class MyAbstractMethod
{
    public static void main(String args[])
    {
        Chinese chi=new Chinese("张三",20,178,70);
        English eng=new English("Tom",22,180,75);

        String s1="姓名"+chi.name+"，年龄"+chi.age+
            "，身高"+chi.height+"，体重"+chi.weight+"，国籍"+chi.nationality+
            "\n 用餐方式"+chi.eat_style();
        System.out.println(s1+"\n");

        String s2="姓名"+eng.name+"，年龄"+eng.age+"
            ，身高"+eng.height+"，体重"+eng.weight+"，国籍"+eng.nationality+
            "\n 用餐方式"+eng.eat_style();
        System.out.println(s2);
    }
}

abstract class Human
{
    String name;
    int age;
    double height;
    double weight;

    abstract String eat_style();    //定义抽象方法
}
```

```
class Chinese extends Human
{
    static String nationality="China";    //定义静态域

    Chinese(String nam,int ag,double hei,double wei)
    {
        name=nam;
        age=ag;
        height=hei;
        weight=wei;
    }
    String eat_style()    //在子类 Chinese 中书写方法体
    {
        return "Use chopsticks to eat.";
    }
}

class English extends Human
{
    static String nationality="England";    //定义静态域

    English(String nam,int ag,double hei,double wei)
    {
        name=nam;
        age=ag;
        height=hei;
        weight=wei;
    }
    String eat_style()    //在子类 English 中书写方法体
    {
        return "Use knife and fork to eat.";
    }
}
```

程序运行结果如图 3-12 所示。

在例 3-12 程序的抽象类 Human 中，定义了一个抽象方法 eat_style()，它只有方法头，没有方法体；在 Human 的子类 Chinese 和 English 中分别为 eat_style() 方法书写了方法体。通过观察此程序不难发现，抽象方法实际上只是一个形式而已，具体操作的实现是在子类中完成的。

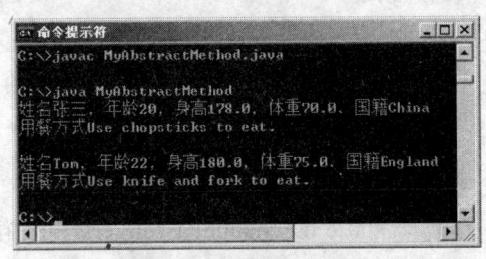

图 3-12　程序运行结果

3.7.2　静态方法

与静态域相似，静态方法也是由关键字 static 修饰，并且是属于整个类的方法。在调用此类方法时，须使用类名作前缀，而不能使用对象名；静态方法只能处理静态域，而不能处理非静态域，因为静态方法和静态域都是存放在类的内存区域中，而非静态域则是存放在某个对象的内存区域中。

下面通过一个示例程序来演示静态方法的应用。

例 3-13　静态方法应用示例（MyStaticMethod.java）

```java
public class MyStaticMethod
{
    public static void main(String args[])
    {
        Car myCar=new Car(5,1.8,1.6,"red","running",80);
        System.out.println("myCar 的速度为"+myCar.speed+"，载客量为"
                        +myCar.passengers);

        //使用类名作前缀调用静态方法
        System.out.println("载客量变为"+Car.changePassengers());
    }
}

class Car
{
    static int passengers;    //定义静态域
    double length,width,height;
    String color,condition;
    int speed;

    //定义构造函数
    Car(double len,double wid,double hei,String col,String con,int spe)
    {
        length=len;
        width=wid;
        height=hei;
        color=col;
        condition=con;
        speed=spe;
    }

    static    //静态初始化器
    {
        passengers=4;
    }

    static int changePassengers()    //静态方法
    {
        passengers=5;                //处理静态域
        return passengers;
    }
}
```

程序运行结果如图 3-13 所示。

例 3-13 程序是在例 3-10 的基础上作了一些修改而成的，在 Car 类中增加了一个用来处理静态域的静态方法 changePassengers()，在主类中调用该方法时使用的是类名 Car 作前缀。

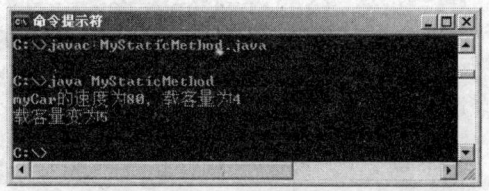

图 3-13　程序运行结果

3.8　访问控制符

在编写 Java 程序时，有时希望某个类或类中的成员能够被程序中的其他类访问，有时则不希望，也就是说，希望能够实现对类或类中的成员的访问特性进行控制。这时就需要用到访问控制符。访问控制符是一组用于限定类、域和方法是否能被程序中其他类访问的修饰符。无论定义什么样的修饰符，一个类总能访问它自己内部的域和方法，其他类是否能够访问这个域或方法，取决于该域或方法以及它所隶属的类的访问控制符是怎样的。

类的访问控制有两种：public 公共的和默认的。如果一个类被 public 修饰，表明它可以被其他所有的类访问和引用，在程序中的其他类中可以创建这个类的对象，访问这个类中所有可见的域和方法；如果一个类没有被 public 修饰，表明它的访问控制是默认的，此时该类只能被同一个包中的其他类访问，而不能被其他包中的类访问。

类中成员（包括域和方法）的访问控制符有以下 4 种。

（1）public 公共访问控制符

被 public 所修饰的成员可以被所有的类访问。

（2）protected 保护访问控制符

被 protected 所修饰的成员可以被这个类自身、它的子类以及同一个包中的其他类访问。

（3）默认访问控制符

若没有指定成员的访问控制符，则表明该成员的访问控制是默认的，此时该成员可以被同一个包中的其他类所访问。

（4）private 私有访问控制符

被 protected 所修饰的成员只能被同一个类中的成员方法所访问，其他任何类都无法访问它。

需要注意的是：如果类的访问控制属性是默认的，而在类里面定义的成员是 public 的或 protected 的，则该成员也只能在同一个包内被访问，这样显然不合适。如果希望该成员能够被其他所有的类访问，则应该将成员和所属的类都定义成 public 的。所以，一般情况下定义访问控制符时，类的访问控制范围要大于或等于类中成员的访问控制范围。

下面通过一个示例程序来演示访问控制符的应用。

例 3-14　访问控制符应用示例（MyAccessControl.java）

```
public class MyAccessControl
{
    public static void main(String args[])
    {
        Square mySquare=new Square(1);
```

```
            Circle myCircle=new Circle(1);
            System.out.println("正方形的面积为: "+mySquare.area);
            System.out.println("圆的面积为: "+myCircle.area);
        }
    }

    class Square
    {
        double area,a;

        Square(double a)
        {
            this.a=a;
            s();             //调用 s()方法
        }

        private void s()    //定义私有的方法成员,用于计算正方形的面积
        {
            area=a*a;
        }
    }

    class Circle extends Square
    {
        Circle(double r)
        {
            super(r);        //调用父类构造函数
        }

        void s()    //定义与父类中同名的 s()方法,用于计算圆的面积
        {
            area=Math.PI*a*a;
        }
    }
```

程序运行结果如图 3-14 所示。

例 3-14 程序中定义了一个 Square 类,由
该类派生出子类 Circle;在 Circle 类中定义了
构造函数和与父类中 s()同名的方法, Circle
类中的构造函数通过 super()调用 Square 类的
构造函数,而 Square 类的构造函数中又调用
了 s()方法,由于 Square 类中的 s()方法是私有

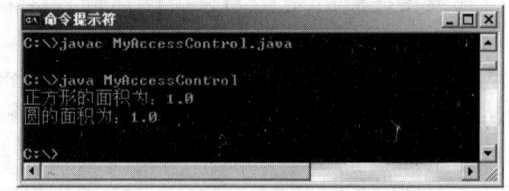

图 3-14　程序运行结果

的,Circle 类无法访问它,因此 Circle 类中的 s()方法并没有覆盖 Square 类中的 s()方法,
故此时调用的是 Square 类中的 s()方法。若将 Square 类中 s()方法的 private 修饰符去掉,
则运行结果如图 3-15 所示。

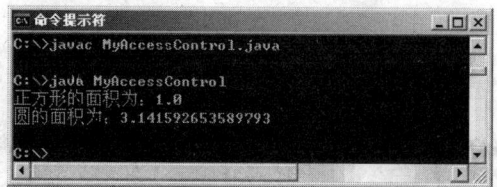

图 3-15　去掉 private 修饰符后的运行结果

去掉 Square 类中 s()方法的 private 修饰符后，Circle 类中定义的 s()方法会把从 Square 类继承而来的 s()方法覆盖掉，所以执行的是 Circle 类中定义的 s()方法。

在使用修饰符时需要特别注意，有些修饰符是不能同时使用的。

1）abstract 与 final 不能同时修饰一个类。

2）abstract 不能与 private、static、final 同时修饰一个方法。

3）abstract 修饰的类中不能有 private 成员。

4）abstract 修饰的方法必须定义在 abstract 修饰的类中。

5）static 修饰的方法不能处理非 static 修饰的域。

习　题

1．什么是抽象？什么是对象？什么是类？

2．面向对象思想有哪些基本特征？

3．什么是构造函数？构造函数有什么特征？

4．什么是继承？继承有什么优点？

5．什么是域的隐藏？什么是方法的覆盖？

6．简述 this 和 super 的作用。

7．编写一个 Java 程序片段，定义一个飞机类，其域包括"长度"、"翼展"、"高度"、"飞行速度"和"飞行高度"；方法包括"获取长度"、"获取翼展"、"获取高度"、"获取飞行速度"、"获取飞行高度"、"修改飞行速度"和"修改飞行高度"。

8．在第 7 题的基础上增加构造函数，为所有的域进行初始化。

9．在第 8 题的基础上编写 Java Application 程序，创建飞机类的对象。

10．在第 9 题的基础上定义一个运输机类，它由飞机类派生而来。在运输机类中，增加两个域（载重和航程），增加两个普通方法（获取载重和获取航程），定义构造函数初始化各个域，并在主类中创建运输机类的对象。

11．什么是抽象类？什么是最终类？

12．如何定义静态域？静态域有什么特征？

13．什么是静态初始化器？它与构造函数有什么不同？

14．什么是抽象方法？抽象方法定义在什么地方？

15．什么是静态方法？静态方法有什么特征？静态方法用来处理什么样的域？

16．什么是访问控制符？Java 中有哪些访问控制符？这些访问控制符各有什么作用？

17．在第 10 题的基础上将飞机类定义为抽象类，在飞机类中增加表示起飞方式的抽象方法，并在运输机类中书写起飞方式的方法体。

18．在第 17 题的基础上在运输机类中定义一个表示飞行员人数的静态域，使用静态初始化器将该域初始化为 2。

第4章　多态、包与接口

本章介绍面向对象程序设计中的一个重要特性：多态。多态是一种面向对象程序设计中同名的不同方法共存的情况，引入多态机制可以提高类的抽象度和封闭性，多态还可以统一一个或多个相关类对外的接口。另外，本章将介绍包和接口。

4.1 多态机制

4.1.1 多态的概念

多态是指不同类型的对象可以响应相同的消息，是面向对象编程中代码重用的一个重要机制。从相同的父类派生出来的多个类型的对象可被当做同一种类型对待，还可对这些不同类型的对象进行同样的处理，由于多态性，这些不同派生类对象响应同一方法时的行为是有所差别的。例如，现在有三个类：表示动物的类 Animal、表示猫的类 Cat、表示狗的类 Dog。类 Animal 是父类，它有一个方法 sound( )，即发声方法。Cat 类和 Dog 类都是 Animal 类的子类，各有一个与父类 sound( )方法同名的覆盖方法，该方法根据具体动物的特点发出不同的叫声。那么子类 Cat 和 Dog 的对象都可以当做动物类的对象来调用 sound( )方法获取各自发出的声音。

通常多态是指一个程序中同名的不同方法共存的情况，这些方法给不同的对象调用时，能产生不同的行为。在面向对象编程中，多态可以有多种实现形式，例如，可以通过子类对父类方法的覆盖实现多态，也可以利用重载在同一个类中定义多个同名的不同方法实现多态。多态性不仅能改善代码结构、提高程序的可读性，而且能方便地扩展程序。

4.1.2 方法的重载

重载是指同一类中定义多个同名的不同方法。这些方法实现的功能基本相同，但在完成功能时，根据不同的情况需要定义不同的具体内容。

在覆盖实现多态中，由于同名的不同方法在不同的类中，所以只需在调用时指明调用的是哪个类的方法，就可以把这些方法区分开。例如，在例 3-5 中的两条语句：

```
p.getInfo( );      //调用父类 People 的方法
s.getInfo( );      //调用子类 Student 的方法
```

在重载实现多态中，这些同名的方法定义在同一个类中，因此不能再通过调用方法的类或对象来区分不同方法，一般采用不同的形式参数列表（包括形式参数的个数、类型和顺序的不同）来区分重载的方法。

例 4-1　方法重载

```
class A
{
    void get(int i)
    {
        System.out.println("整数: " + i);
```

```
    }
    void get(char c)
    {
        System.out.println("字符型: " + c);
    }
    void get(String s)
    {
        System.out.println("字符串: " + s);
    }
    void get(int i, char c)
    {
        System.out.println("整型: " + i +",字符型:" +   c);
    }
    void get(char c,int i)
    {
        System.out.println("字符型:" + c +",整型:" + i);
    }
}
public class TestOverride
{
    public static void main(String args[ ])
    {
        A a= new A( );
        a.get(3);
        a.get('M');
        a.get("CHINA");
        a.get(3,'M');
        a.get('M',3);
    }
}
```

程序运行结果如图 4-1 所示。

在例 4-1 程序中，定义了五个同名的 get 方法，功能是输出不同类型的数据。这些方法的参数不同：有的是参数个数不同；有的是参数个数相同，参数类型或参数的顺序不同。在主函数 main 中，对象 a 通过指定不同的参数来调用不同的 get 方法。

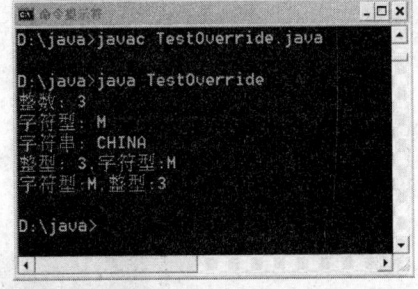

图 4-1　程序运行结果

4.1.3　构造函数的重载

构造函数是类的一种特殊函数，其功能主要是在创建类的对象时进行初始化工作。在类定义中，可以根据需要定义不同的构造函数，创建具有不同初始化值的对象。由于构造函数的名字必须与类名相同，所以当需要定义几个不同的构造函数时，则需要用到重载技术。

构造函数的重载是指同一个类中存在着若干个具有不同参数列表的构造函数，一个类的若干个构造函数之间可以相互调用。当一个构造函数需要调用另一个构造函数时，可以使用关键字 this，同时这个调用语句应该是整个构造函数的第一个可执行语句。

例 4-2　构造函数重载（Student.java）

```
public class Student
{
    String name;
    int age;
    String school;
    Student(String sname)
    {
        name=sname;
    }
    Student(String sname,int sAge)
    {
        name=sname;
        age=sAge;
    }
    Student(String n,int a,String sch){
        this(n,a);          //调用 Student 类带两个参数的构造函数，初始化姓名和年龄
        school=sch;
    }
    public void getInfo( )
    {
        System.out.println("学生信息如下:\n 姓名："+name+" 年龄:"
            +age+" 学校:"+school);
    }
    public static void main(String args[ ])
    {
        Student s1=new Student("张雪");
        Student s2=new Student("张雪",22);
        Student s3=new Student("张雪",22,"武汉大学");
        s1.getInfo( );
        s2.getInfo( );
        s3.getInfo( );
    }
}
```

程序运行结果如图 4-2 所示。

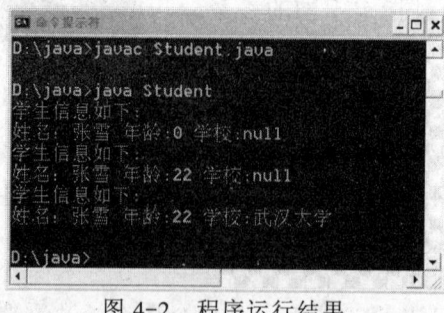

图 4-2　程序运行结果

在例 4-2 程序中，Student 类定义了三个构造函数，用来完成不同情况下的初始化工作。创建该类对象的语句，会自动根据给出的实际参数的个数、类型和顺序调用相应的构造函数，完成新对象的初始化工作。例如上例中的三条语句则分别调用不同的构造函数。

```
Student s1=new Student("张雪");              //调用一个参数的构造函数
Student s2=new Student("张雪",22);           //调用两个参数的构造函数
Student s3=new Student("张雪",22,"武汉大学"); //调用三个参数的构造函数
```

例 4-2 中，在类 Student 的带三个参数的构造函数中，使用 this 调用该类的其他构造函数，可以提高对已有代码的利用率。

4.2 包与接口

4.2.1 包

1. 包的概念

通过面向对象技术进行软件开发时，通常需要定义许多类共同工作，为了更好地管理这些类，Java 中引入了包的概念。Java 中的包是相关类和接口的集合，就像文件夹或目录把各种文件组织在一起，使文件更有条理，Java 中的包把相关的类组织在一起，并对其命名，称为包名。使用包可以使得程序功能清楚、结构分明，有利于实现不同程序间类的复用。

Java 的类库根据功能的不同，被划分为若干个不同的包，每个包中有若干个具有特定功能和相互关系的类和接口。

2. 包的声明

创建包须使用关键字 package。package 语句必须是整个 Java 文件的第一条语句。创建包的语句格式如下：

```
package 包名;
```

在每个源文件中只能有一个包定义语句。包名一般用小写字母。

创建包就是在当前目录或指定目录下创建子文件夹，文件夹名与包名相同。例如：

```
package one;
```

表示在当前目录或指定目录下创建一个名为 one 的文件夹。Java 中的包与文件系统的目录层次结构对应，可以有层次，中间用"."隔开。例如：

```
package one.two.three;
```

表示在当前目录或指定目录下创建一个名为 one 的文件夹，在 one 文件夹下创建名为 two 的文件夹，在 two 文件夹下创建名为 three 的子文件夹。

若源文件中没有定义 package 语句，则属于默认的或无名的包。包中的所有类文件应保存在与包名相同的目录中，否则编译器就会找不到相应的类文件。

例 4-3　包的创建

```
package one;
public class MyPackage
{
    public static void main(String args[ ])
```

```
    {
        System.out.println("创建包 one");
    }
}
```

程序运行结果如图 4-3 所示。

例 4-3 程序中的第一条语句定义了一个包 one。MyPackage.java 源文件经过编译后生成的字节码文件 MyPackage.class，应该放到指定包中，即与包名相同的文件夹 one 下。

图 4-3　程序运行结果

假如设计将包 one 放在目录 D:\java 下，则有两种方法创建包。

（1）手工创建

在 D:\java 目录下存放 MyPackage.java 源文件，在该目录下编译源文件：

javac MyPackage.java

经过编译后，会在当前目录 D:\java 下生成类文件 MyPackage.class。根据包的设计要求在 D:\java 目录下手动创建文件夹 one，然后将 MyPackage.class 文件移到目录 one 下，则相当于把类添加到包中。

（2）自动创建

在编译过程中加入-d 参数可以在指定目录下自动创建包，并在包目录中生成类文件。例如，例 4-7 中使用编译命令：

javac –d D:\java MyPackage.java

类文件 MyPackage.class 将会在 D:\java\one 文件夹下自动生成。

如果当前目录是 D:\java，那么在当前目录下创建包的命令也可以写成如下形式：

javac –d . MyPackage.java

上面命令中的 "." 表示当前目录。

注意：运行程序时应指定类文件所在的包名。例如：

java one. MyPackage

3．包的引用

将类以包的形式组织在一起，就是为了更好地利用包中的类。对于同一个包中的其他类，通过类名就可以访问；如果需要访问其他包中的 public 类，可以使用以下几种方法。

（1）通过包名前缀使用类

使用其他包中的类，可以在相应的类名前面直接加上包名作前缀。例如：

public class FirstApplet extends java.applet.Applet{...}

这种方法需要在类命名出现的每个地方都使用包名作前缀，比较麻烦。

（2）导入需要使用的类

import 语句用于导入用户源代码文件中使用的其他包中的类，这些类和当前类不在同一个包中。在程序文件的开始，通过 import 语句将类加载到当前程序中，这时就可以直接使用类名了。例如以下语句：

import　java.awt.Graphics;
import　java.applet.Applet;

```
public class FirstApplet extends Applet{…}
```
加载 Applet 类后，在程序中就可以直接使用 Applet 类名，不再需要指定包名作前缀。

（3）加载整个包

上面方法通过 import 语句导入了指定包中的一个类。有些情况下可以直接利用 import 语句导入整个包，此时这个包中的所有类都会被导入到当前程序中。导入整个包后，在程序中凡是这个包中的类，都不需要指定包多作前缀。例如，加载整个包的语句可写为：

```
import   java.awt.*;
```

上面语句中的"*"表示导入整个包，即导入整个 java.awt 包中的所有类，但不包括 java.awt 中的子包。

4.2.2　接口

1．接口的概念

多重继承是指一个子类可以有一个以上的直接父类，类的层次关系不清楚。Java 中的类只支持单继承，即一个类只能有一个直接父类。单继承使得 Java 程序更简单，易于管理。为了克服单继承的缺点，Java 使用了接口。接口实现了类似于类的多重继承。

接口在语法上与类有些相似，它定义了若干个抽象方法和常量，形成一个属性集合，该属性集合通常对应了某一组功能，凡是需要实现这种特定功能的类，都可以继承这个属性集合并在类内使用它，这种属性集合就是接口。

Java 中一个类获取某一接口定义的功能，并不是通过直接继承这个接口中的属性和方法来实现的。因为接口中的属性都是常量，接口中的方法都是没有方法体的抽象方法。接口只是规定了实现某一特定功能的一组功能的对外接口和规范，而并没有真正地实现这个功能。这个功能的真正实现是在"继承"这个接口的各个类中完成的，要由这些类来具体定义接口中各抽象方法的方法体，以适合某些特定行为。因而在 Java 中，通常把类对接口功能的"继承"称为"实现"，通过关键字 implements 实现接口功能。

接口与抽象类有如下区别：

1）接口中的方法都是抽象方法，不能实现任何方法，而抽象类可以；

2）一个类可以实现多个接口，但只能有一个直接父类。

2．接口的声明

在 Java 中，声明一个接口与声明一个类相似，接口是由一组常量和抽象方法组成的。通过关键字 interface 声明一个接口，声明格式如下：

```
[public]   interface  接口名  [extends  父接口名列表]
{
    // 常量域声明
    [public][static][final]   类型  常量名 = 常量值;
    // 抽象方法声明
    [public][abstract] 返回值类型 方法名（参数列表）;
}
```

声明接口时可以指定修饰符，用 public 修饰的接口是公共接口，可以被所有的类和接口使用；没有 public 修饰的接口具有包访问性，只能被同一个包中的其他类和接口使用。在接口中定义了属性和方法，接口中的属性都是常量，必须是由 public static final

修饰的，这是系统默认的规定，在接口中这些修饰符可以不写；接口中的方法都是抽象方法，必须是默认的 public abstract，同样，这些修饰符也可以不写。

接口具有继承性，定义接口时可以通过关键字 extends 指定其父接口。与类继承不同的是一个接口可以有一个以上的父接口，这些接口之间用逗号隔开，此时新接口将继承所有父接口的属性和方法。

3．接口的实现

要使用接口，必须编写实现接口的类。在类声明中用关键字 implements 指明该类要实现的接口。在类体中必须实现接口中定义的所有方法，否则这个类是一个抽象类，不是具体的类。在类中实现接口的抽象方法时，必须使用完全相同的方法头。由于接口的抽象方法的访问限制符都已指定为 public，所以类在实现方法时，必须显式地使用 public 修饰符，否则将被系统警告为缩小了接口中定义的方法的访问控制范围。

一个类可以实现多个接口，这些接口用逗号隔开。格式如下：

[public] class 类名［extends　父类名］［implements 接口 1,接口 2,…,接口 n]

下面来看一个接口的示例程序。

例 4-4　接口的使用

```
interface CalArea
{
    double area(double r);
}
class Circle implements CalArea
{
    public double area(double r)
    {
        return Math.PI*r*r;
    }
}
public class MyInterface
{
    public static void main(String args[ ])
    {
        Circle c = new Circle( ) ;
        System.out.println(c.area(2));
    }
}
```

程序运行结果如图 4-4 所示。

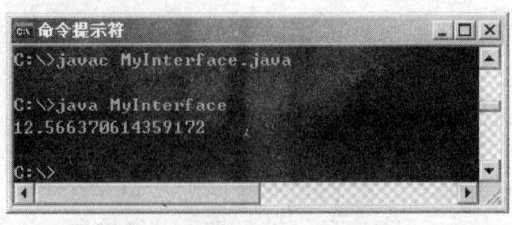

图 4-4　程序运行结果

例 4-4 中定义了一个接口 CalArea，在接口中定义了一个常量 PI，虽然定义时没有加任何修饰符，但系统默认为用 public static final 修饰。同样接口中定义的抽象方法 area( )默认为用 public abstract 修饰。实现接口的类 Circle 必须重新定义 area( )方法，以完成具体的操作。在类 Circle 中实现抽象方法时需要指明该方法的访问控制符 public，否则将缩小接口中定义的方法的访问控制范围。

4.3　程序举例

例 4-5　在本例中要求声明一个形状接口、三个形状类、一个主类，具体要求如下。

1）接口 Shape，在该接口中有三个方法：area（求图形面积）、volume（求图形体积）、getName（返回图形对象所属的类）。

2）类 Point，表示点，实现接口 Shape，包括的域和方法如下。

域：x（表示点的横坐标）、y（表示点的纵坐标）。

方法：getX（获得 x 坐标）、getY（获得 y 坐标）、toString（将数值以字符串表示）、area、volume、getName。

3）类 Circle，表示圆，继承点类 Point，包括的域和方法如下。

域：x（表示圆心的横坐标）、y（表示圆心的纵坐标）、radius（表示圆的半径）。

方法：getX、getY、getRadius（获得圆的半径）、toString、area、volume、getName

4）类 Cylinder，表示圆柱，继承圆类 Circle，包括的域和方法如下。

域：x、y、radius、height（表示圆柱的高）。

方法：getX、getY、getRadius、getHeight（获得圆柱的高）、toString、area、volume、getName。

5）主类 Test，在该类中编写主函数，分别定义三个图形类的对象，并输出对象的信息进行验证。

根据题目要求，本程序定义了四个类和一个接口。在继承关系的类中实现了子类调用父类的构造函数。程序代码如下：

```
// Test.java
public class Test
{
    public static void main( String args[ ] )
    {
        Point point = new Point( 7, 11 );
        Circle circle = new Circle( 3.5, 22, 8);
        Cylinder cylinder = new Cylinder( 10, 3.3, 10, 10 );

        String output =point.getName() + ": " + point.toString() + "\n" +
                    circle.getName() + ": " + circle.toString() + "\n" +
                    cylinder.getName() + ": " + cylinder.toString();

        String output1 = point.getName() + ": " + point.toString() + "\n" +
```

```
                             "Area = "+point.area()+"\nVolume = "+point.volume();

        String output2 =circle.getName() + ": " + circle.toString() + "\n" +
                             "Area = "+circle.area()+"\nVolume = "+circle.volume();

        String output3 =cylinder.getName() + ": " + cylinder.toString() + "\n" +
                             "Area = "+cylinder.area()+"\nVolume = "+cylinder.volume();

        System.out.println(output+"\n\n"+output1+"\n\n"+output2+"\n\n"+output3);
    }
}


// 定义形状接口
interface Shape
{
    public abstract double area();
    public abstract double volume();
    public abstract String getName();
}


// 定义 Point 类
class Point implements Shape
{
    protected int x, y;          // Point 的坐标

    // 构造函数
    public Point() { }
    public Point( int a, int b )
    {
        x=a;
        y=b;
    }

    public int getX()
    {
        return x;
    }
    public int getY()
    {
        return y;
```

```
    }
    public String toString()
    {
        return "[" + x + ", " + y + "]";
    }
    public double area()
    {
        return 0.0;
    }
    public double volume()
    {
        return 0.0;
    }
    public String getName()
    {
        return "Point";
    }
}

// Circle 类定义
class Circle extends Point        //继承点类
{
    protected double radius;

    // 构造函数
    public Circle()
    {
        // 隐含调用父类的无参数的构造函数
        System.out.print("圆 Circle 的构造函数");
    }
    public Circle( double r, int a, int b )
    {
        super( a, b );    // 调用父类构造函数
        radius = ( r >= 0 ? r : 0 );
    }

    public double getRadius()
    {
        return radius;
    }
```

```
    public double area()
    {
        return Math.PI * radius * radius;
    }
    public String to String()
    {
        return "Center = " + super.toString() +"; Radius = " + radius;
    }
    public String getName()
    {
        return "Circle";
    }
}

// 定义 Cylinder 类
class Cylinder extends Circle {          //继承圆类
    protected double height;             //圆柱的高度

    // 构造函数
    public Cylinder( double h, double r, int a, int b )
    {
        super( r, a, b );                //调用父类的构造函数
        height = ( h >= 0 ? h : 0 );
    }

    public double getHeight()
    {
        return height;
    }
    public double area()
    {
        return 2 * super.area() +2 * Math.PI * radius * height;
    }
    public double volume()
    {
        return super.area() * height;
    }
    public String to String()
    {
        return super.toString() + "; Height = " + height;
    }
}
```

```java
    public String getName()
    {
        return "Cylinder";
    }
}
```

程序运行结果如图 4-5 所示。

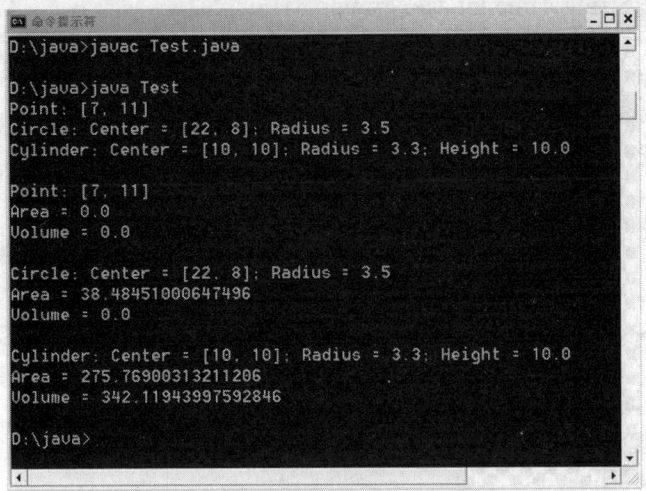

图 4-5　程序运行结果

例 4-6　定义一个职工类，在该类中，实现构造函数的重载。定义两个加薪的方法，一个用来增加指定工资，一个根据职称增加工资，实现方法重载，最后编程验证。

分析：根据题目要求，本程序定义了两个类，一个职工类 Employee，一个主类 Test。在 Employee 类中声明四个域：姓名 name、年龄 age、职称 post、薪水 salary，两个构造函数，两个加薪的方法 upSalary()，一个获取职工信息的方法 getInfo()。

程序代码如下：

```java
public class Test
{
    public static void main( String args[ ] )
    {
        Employee emp1=new Employee("刘帅",35,"工程师");
        Employee emp2=new Employee("张丹",50,"副经理",5000.0F);
        Employee emp3=new Employee("赵娜",23,"工人",1000.0F);
        emp1.upSalary(300.0F);
        emp2.upSalary(500.0F);
        emp2.upSalary();
        emp3.upSalary();
        System.out.println(emp1.getInfo());
        System.out.println(emp2.getInfo());
        System.out.println(emp3.getInfo());
    }
}
```

```
class Employee
{
    String name,post;
    int age;
    float salary;
    Employee(String name,int age,String post)
    {
        this.name=name;
        this.age=age;
        this.post=post;
    }
    Employee(String ename,int eage,String spost,float salary)
    {
        this(ename,eage,spost);
        this.salary=salary;
    }
    void upSalary(float s)
    {
        salary=salary+s;
    }
    void upSalary()
    {
        if(post= ="工人")salary=salary+500;
        if(post= ="组长")salary=salary+800;
        if(post= ="工程师")salary=salary+1000;
        if(post= ="副经理")salary=salary+1500;
        if(post= ="经理")salary=salary+1800;
    }
    public String getInfo()
    {
        return "姓名:"+name+" 年龄:"+age+" 职称:"+post+" 工资"+salary;
    }
}
```

程序运行结果如图 4-6 所示。

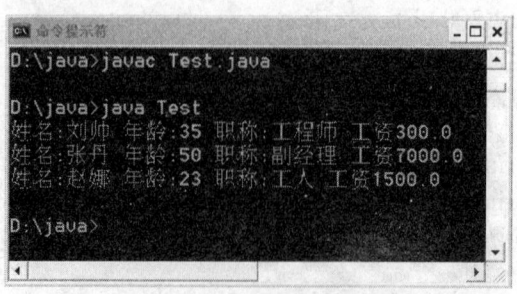

图 4-6   程序运行结果

74

习 题

1. 什么是多态？Java 程序如何实现多态？实现多态有哪些方式？
2. 域的隐藏和方法的覆盖有什么区别？方法覆盖和方法重载有什么不同？
3. 什么是包？如何创建包？
4. 写出创建一个名为 com 的包的语句，该语句应该放在程序中的什么位置？
5. 写出引用包 com 中的类 Test 的语句以及引用包 com 中的所有类的语句。
6. 什么是接口？为什么要定义接口？接口与抽象类有何异同？
7. 阅读下面程序，回答问题。

```java
public class Test
{
    public static void main(String args[ ])
    {
        SubClass s=new SubClass( );
    }
}
class SuperClass
{
    int a;
    SuperClass( )
    {
        a=10;
        System.out.println("调用父类 SuperClass 的构造函数,a="+a);
    }
}
class SubClass extends SuperClass
{
    int a;
    SubClass( )
    {
        a=20;
        System.out.println("调用子类 SubClass 的构造函数,a="+a);
    }
}
```

（1）指出程序中的父类和子类以及父类和子类中的域。
（2）该程序经过编译后会生成哪些文件？
（3）写出程序的运行结果，并说明原因。

8. 创建人员类 People，要求：定义域"姓名"、"年龄"、"性别"，定义一个构造函数初始化类的三个域，定义方法 getInfo（获取 People 类对象的信息）。创建职工类 Employee，要求：继承 People 类，定义域"工资"，在子类的构造函数中调用父类的构造函数，并重写 getInfo()方法。编写程序进行测试。

9. 定义图形接口 Shape，包括域 PI（表示圆周率，值为 3.14），方法为 getArea（求

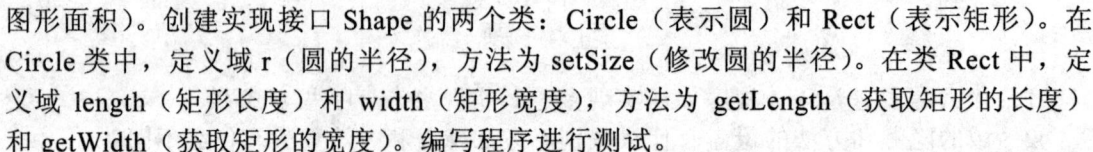

图形面积）。创建实现接口 Shape 的两个类：Circle（表示圆）和 Rect（表示矩形）。在 Circle 类中，定义域 r（圆的半径），方法为 setSize（修改圆的半径）。在类 Rect 中，定义域 length（矩形长度）和 width（矩形宽度），方法为 getLength（获取矩形的长度）和 getWidth（获取矩形的宽度）。编写程序进行测试。

10. 定义一个学生抽象类 student，其域包括 StuNumber、ClaNumber、name、sex、age、hight；由此派生出小学生、中学生、大学生和研究生这四个类，其中大学生再派生出专科生和本科生，研究生再派生出硕士生和博士生。在小学生类中实现构造函数重载，分别实现对域的初始化和对 hight 加 0.5 操作；在大学生类中实现构造函数重载，分别实现对域的初始化和对 age 加 1 操作；在专科生中实现对 age 加 1 操作和对 hight 加 1 操作；在博士生类中实现对 age 加 2 操作；在主类中创建小学生的对象 Tim、专科生的对象 Lily、本科生的对象 Jim、博士生的对象 Mike。

第 5 章　数组与字符串类

本章首先介绍 Java 编程中经常用到的数组，包括一维数组、二维数组和对象数组，通过示例程序进一步来讨论它们的使用方式与技巧。然后介绍字符串类，包括两种具有不同操作方式的 String 类和 StringBuffer 类，它们在实际应用开发中有着广泛的应用。

5.1　数组

前面已经介绍了变量的定义与使用。假设现在要计算 30 名学生的平均年龄，如果使用简单类型的变量，则要命名 30 个不同名称的变量，如 age1，age2，age3，…，age30 来存储这 30 名学生的年龄，而且只能用如下语句来完成这个计算：

```
sum = age1+age2+age3+…+age30;
average=sum/30;
```

这样的程序不仅看起来比较烦琐，更重要的是，如果要统计的学生有 100 名、1000 名，就要定义 100 个、1000 个变量。有没有一种比较简便的办法来解决这个问题呢？答案就是使用数组。

数组是用一个标志符和一组下标来代表一组具有相同数据类型的数据元素的集合。在 Java 语言中，数组的元素可以是数据类型的量，也可以是某一类的对象。数组中的各元素是有先后顺序的，且在内存中按照这个顺序连续地存放在一起。引用某个数组元素时用数组名和该元素在数组中的位置来表示。

5.1.1　一维数组

一维数组是一种比较简单的数组，它只有一个下标，是数组的基本形式。

1．一维数组的声明

声明数组主要是声明数组名、数组的维数和数组元素的数据类型。一维数组的声明语法格式如下：

```
类型标志符 数组名[ ];
```

或者

```
类型标志符[ ] 数组名;
```

其中，类型标志符是定义数组包含元素的数据类型，它可以是基本数据类型，也可以是引用数据类型；数组名是标志数组名称的一个标志符，它可以是任何一个符合 Java 命名规则的标志符。例如：

```
int a[];
double b[];
double[] c;
```

都是正确的一维数组声明语句。

需要注意的是：在 Java 语言中声明数组时不会为数组元素分配相应的内存，所以不能指定数组中元素的个数。例如按照以下方式声明数组就是错误的：

```
int d[2];    // 错误
```

2．创建数组空间与初始化

声明一个数组仅仅是指定了这个数组的名称和元素类型，并没有给数组元素分配相应的内存空间。要想使用数组，还需要为它分配内存空间，即创建数组空间。创建数组空间时必须指出数组元素的个数，即数组长度。创建数组空间后，数组的长度不可再改变。

Java 语言中初始化数组用 new 操作符来实现，其语法格式如下：

```
数组名=new 数组元素类型[数组元素个数];
```

上面声明的三个数组可以这样进行初始化：

```
a = new int[5];
b = new double[6];
c = new double[8];
```

这样就为数组 a 分配了 5 个 int 型的内存空间，它可以存放 5 个 int 型数组元素；同样分别为数组 b 和数组 c 分配了 6 个和 8 个 double 型的内存空间，使得数组 b 可存放 6 个 double 型数组元素，数组 c 可以存放 8 个 double 型数组元素。

声明数组与创建创建数组空间的工作可以合在一起用一条语句来完成。例如：

```
int a[] = new int[5];
double b[]= new double[6];
double[] c= new double[8];
```

创建数组空间后就可以初始化数组了，例如：

```
a[0] = 1;
a[1] = 2;
a[2] = 3;
a[3] = 4;
a[4] = 5;
```

或者

```
for( int i = 0 ; i < a.length ; i++ )
{
    a[i] = i + 1;
}
```

由于数组元素是基本数据类型的数组，可在创建数组空间的同时给出数组元素的初值，这样可以省去 new 操作符。例如：

```
int a[] = {1,2,3,4,5};
```

该语句声明了一个名为 a 的一维数组，同时分配了 5 个 int 型元素的内存空间，并给出了每个元素的初值。

3．一维数组的引用

数组声明并分配相应的内存空间后，就可以通过数组名和下标来引用数组中的元素，引用格式如下：

```
数组名[数组元素下标]
```

其中，数组名是数组名称的标志符，数组元素下标是元素在数组中的位置。元素下标的取值范围从 0 开始，到数组元素个数减 1 为止。例如，上面声明的数组 a 的 5 个元素分别是 a[0]、a[1]、a[2]、a[3]、a[4]。数组元素下标必须为整型常量或者整型表达式。例如，在上面声明了数组 a 后，可以使用下面的两条赋值语句：

```
a[0] = 1;        //将数组中的第 0 个元素赋值为 1
a[1+3] = 5;      //将数组中的第 4 个元素赋值为 5
```

而下面的两条语句就是错误的：

```
a[5] = 10;       //数组元素下标越界
a[2.5] = 12;     //数组元素下标必须为整型常量或者整型表达式
```

每个数组都有一个用于指明它长度的属性 length，利用它可以获取数组的长度。例如，要获取上面声明的数组 a 的长度就可以这样写：a.length。

下面通过一个具体的示例来说明。

例 5-1　一维数组创建与使用示例（myArray1.java）

```java
public class myArray1
{
    public static void main(String args[])
    {
        int a[]=new int[5];
        String s="";
        for(int i=0 ; i<a.length ; i++)
        {
            a[i]=i+1;
            s+="a["+i+"]="+a[i]+" ";
        }
        System.out.println(s);
    }
}
```

程序执行结果如图 5-1 所示。

在例 5-1 程序中，首先声明了一个包含 5 个整型元素的一维数组 a，通过一个循环操作分别为每个数组元素进行初始化赋值，并将每个数组元素的值连接成一个字符串 s 后输出。

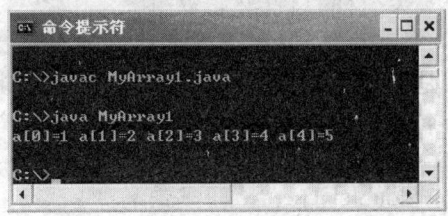

图 5-1　程序执行结果

需要注意的是：这里在循环操作中使用 length 属性作为数组下标的上界，这是一种比较常用的做法，能有效地避免数组下标越界。

下面再来看一个示例。

例 5-2　一维数组应用示例（myArray2.java）

```java
public class MyArray2
{
    public static void main(String args[])
    {
    int a[]={1,2,3,4,5};
    int b[]={10,9,8,7,6};
        String s="";
        for(int i=0 ; i<a.length ; i++)
```

```
        {
            a[i]=b[i]-a[i];
            s+="a["+i+"]="+a[i]+" ";
        }
        System.out.println(s);
    }
}
```

程序执行结果如图 5-2 所示。

在例 5-2 程序中，首先声明并初始化了包含 5 个整型元素的一维数组 a 和 b，通过一个循环操作分别将数组 b 中第 i 个元素减去数组 a 中的第 i 个元素，并将运算后的值重新赋值给数组 a 中的第 i 个元素，最后将数组 a 中每个数组元素的值连接成一个字符串 s 后输出。

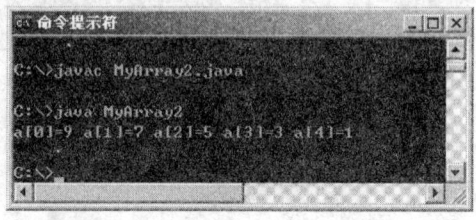

图 5-2　程序执行结果

通过本程序不难看出，数组元素参与运算和变量参与运算非常相似。

5.1.2　多维数组

多维数组是指数组维数在二维或二维以上的数组，它有两个或两个以上的数组下标。多维数组实质上是多个一维数组嵌套而成的。这里以二维数组为例，它可以被看做一个特殊的一维数组，该数组的每个元素又是一个一维数组。

1．二维数组的声明

与声明一维数组类似，二维数组的声明语法格式如下：

类型标志符　数组名[ ][ ];

或者

类型标志符[ ][ ]　数组名;

其中，类型标志符是定义数组包含元素的数据类型，它可以是基本数据类型，也可以是引用数据类型；数组名是标志数组名称的一个标志符，它可以是任何一个符合 Java 命名规则的标志符。例如：

```
int d[][];
double[][] e;
```

都是正确的二维数组声明语句。

2．二维数组创建数组空间与初始化

与一维数组一样，声明一个二维数组仅仅是指定了这个数组的名称和元素类型，并没有给数组元素分配相应的内存空间。所以同样需要为它分配内存空间，然后才可以访问每个元素。

对二维数组分配内存空间的语法格式如下：

数组名=new 数组元素类型[数组长度][];

或者

数组名=new 数组元素类型[数组长度][数组长度];

例如，上面声明的数组 d 可以这样创建数组空间：

d = new int[2][3];

创建数组空间后的数组 d 的结构如图 5-3 所示。

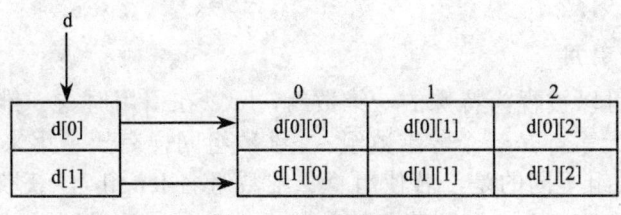

图 5-3 二维数组 d

通过观察图 5-3 不难发现，数组 d 实际上可以被视为一个包含 d[0] 和 d[1] 两个元素的一维数组，而 d[0] 又是一个包含 d[0][0]、d[0][1]、d[0][2] 这三个元素的一维数组，d[1] 又是一个包含 d[1][0]、d[1][1]、d[1][2] 这三个元素的一维数组。故以上声明数组 d 的语句等价于：

```
d = new int[2][];
d[0] = new int[3];
d[1] = new int[3];
```

或者

```
d = new int[2][];
for(int i=0;i<2;i++)
{
    d[i] = new int[3];
}
```

需要注意的是：在创建二维数组空间时可以只指定数组的行数（即第一维元素个数），而不指定数组的列数（即第二维元素的个数），每行的长度可以由二维数组引用时决定，但不能只指定列数而不指定行数。例如，以下创建二维数组空间的方式就是错误的。

```
d = new int[][3];    //错误
```

类似于声明一维数组，声明二维数组与创建创建数组空间的工作也可以合在一起用一条语句来完成。例如：

```
int d[][] = new int[2][3];
```

创建数组空间后就可以初始化数组了，例如：

```
a[0][0] = 1;
a[0][1] = 2;
a[0][2] = 3;
a[1][0] = 4;
a[1][1] = 5;
a[1][2] = 6;
```

或在声明时采用直接指定初值的方式对数组进行初始化。例如：

```
int d[][] = {{1,2,3},{4,5,6}};
```

该语句在声明数组 d 的同时对该数组进行初始化。需要注意的是，采用这种方式对数组初始化时，各子数组的元素个数可以不同。例如：

```
int d[][] = {{1,2},{3,4,5},{6,7,8,9}};
```

相当于：

```
int d[][] = new int[3][];
int d[0] = {1,2};
```

```
int d[1] = {3,4,5};
int d[2] = {6,7,8,9};
```

3．二维数组的引用

因为二维数组可以被视为特殊的一维数组，所以在引用时与一维数组类似，只是要注意第一维的每个元素都是一个一维数组。二维数组同样有一个用来指明它长度的属性 length，但与一维数组不同的是，若使用"二维数组名.length"，获取的是数组的行数，而使用"二维数组名[i].length"则获取的是数组中该行的列数。

下面来看一个例子。

例 5-3　二维数组 length 属性应用示例（myArray3.java）

```java
public class MyArray3
{
    public static void main(String args[])
    {
    int d[][]={{1,2,3},{4,5,6,7}};
    System.out.println(d.length);
    System.out.println(d[0].length);
    System.out.println(d[1].length);
    }
}
```

程序执行结果如图 5-4 所示。

在例 5-3 程序中，声明并初始化了一个二维数组 d，第一维包含 2 个元素，分别是一个包含 3 个元素的一维数组和一个包含 4 个元素的一维数组。通过运行结果可以看出，该数组的行数为 2，第一行有 3 列，第二行有 4 列。

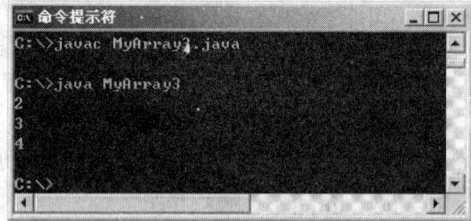

图 5-4　程序执行结果

下面来看一个杨辉三角的例子。

例 5-4　输出杨辉三角前六行（myArray4.java）

```java
public class MyArray4
{
    public static void main(String args[])
    {
        int d[][]=new int[6][6];
        for(int i=0;i<d.length;i++)
        {
            for(int j=0;j<=i;j++)
            {
                if(j==0)
                {
                    d[i][j]=1;
                }
                else
                {
                    d[i][j]=d[i-1][j]+d[i-1][j-1];
```

```
            }
            System.out.print(d[i][j]+"\t");
        }
        System.out.println();
    }
}
}
```

程序执行结果如图5-5所示。

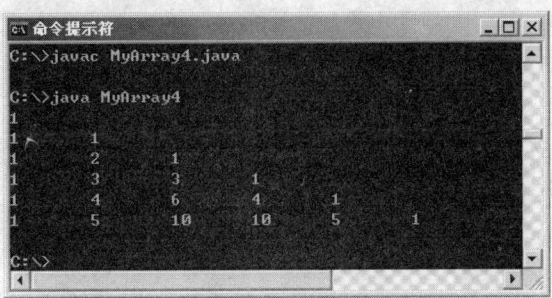

图5-5　程序执行结果

　　杨辉三角的特征是：当前行的列数等于当前行数；所有行的第一列都为1；其他部分的数字等于该数字上方和左上方的数字之和。在程序中，首先声明了一个二维数组d并分配相应存储空间，然后通过嵌套循环对数组进行初始化，为元素赋值前先判断该元素是否是第一列的元素，从而决定赋以什么样的值。通过本例程序可以看出，二维数组在引用时与一维数组是比较相似的。

　　需要注意的是：二维数组经常会与嵌套循环一起使用。一般外层循环对应二维数组的行，而内层循环一般对应每行中的列。

5.1.3　对象数组

　　前面讨论过的数组的数据类型都是基本数据类型，在Java语言中还有一种数组被称为对象数组。顾名思义，这类数组的元素不再是基本数据类型，而是对象。也就是说，对象数组中的每个元素都是某个类的对象。

　　声明对象数组的语法格式与声明基本数据类型数组的格式类似，只是将基本数据类型说明符改成了类名，以一维对象数组为例，声明格式如下：

　　类名　数组名[ ];

或者

　　类名[ ]　数组名;

　　下面通过一个示例来讨论对象数组。

　　例5-5　对象数组示例（myArray5.java）

```
class Car
{
    String type;
    int length;
    int width;
    int height;
```

```
        Car(String tp,int len,int wid,int hei)
        {
            type=tp;
            length=len;
            width=wid;
            height=hei;
        }
    }

public class MyArray5
{
    public static void main(String args[])
    {
        Car[] myCar=new Car[3];      //声明对象数组

        //分别调用 Car 类构造函数对各个元素进行初始化
        myCar[0]=new Car("Audi A8 W12",5267,1949,1471);
        myCar[1]=new Car("Benz S600",5230,1871,1485);
        myCar[2]=new Car("BMW 760Li",5212,1902,1484);

        String s="";
        for(int i=0;i<myCar.length;i++)
        {
            s+="\n"+myCar[i].type+"\t"+myCar[i].length+"\t "+myCar[i].width;
            s+="\t "+myCar[i].height;
        }
        System.out.println(s);
    }
}
```

程序执行结果如图 5-6 所示。

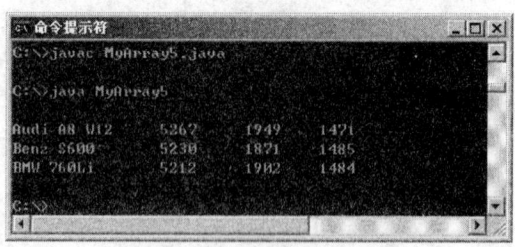

图 5-6　程序执行结果

例 5-5 程序首先声明了一个 Car 类，然后在 main 方法中声明 Car 类的对象数组，它有 3 个数组元素，分别调用 Car 类构造函数对各个元素进行初始化，最后将数组中每个元素的各数据成员输出。通过观察本程序不难发现，这里实际上就相当于定义了 Car 类的 3 个对象，把这 3 个对象装在一个数组里面，访问对象中的成员时就使用数组元素来代替对象名作为前缀。

5.1.4 数组综合举例

下面通过几个具体的应用示例来进一步加强对数组的认识。

例 5-6 使用冒泡排序法按从小到大的顺序对 10 个整数进行排序（myArray6.java）

```java
public class MyArray6
{
    public static void main(String args[])
    {
        int[] a={2,3,6,1,5,7,9,8,0,4};
        int t;

        for(int i=0;i<a.length-1;i++)
        {
            //内循环每循环一轮，则当前序列中最大的数字被放置到最后
            for(int j=0;j<a.length-1-i;j++)
            {
                if(a[j]>a[j+1])    //如果当前元素大于后一个元素，则相互交换位置
                {
                    t=a[j];
                    a[j]=a[j+1];
                    a[j+1]=t;
                }
            }
        }

        for(int k=0;k<a.length;k++)
        {
            System.out.print(a[k]+" ");
        }
    }
}
```

程序执行结果如图 5-7 所示。

图 5-7　程序执行结果

例 5-7 编程求二维数组中值最大的元素（myArray7.java）

```java
public class MyArray7
{
    public static void main(String args[])
    {
        int[][] a={{2,6,8},{1,5,7}};
        int max=a[0][0];
```

```
        for(int i=0;i<a.length;i++)    //a.lengh 表示数组 a 的行数
        {
            for(int j=0;j<a[i].length;j++)   // a[i].length 表示数组 a 第 i 行的列数
            {
                if(a[i][j]>max)
                {
                    max=a[i][j];
                }
            }
        }
        System.out.println("max="+max);
    }
}
```

程序执行结果如图 5-8 所示。

图 5-8   程序执行结果

例 5-8 将以下 a 数组的行与列元素互换并存放到 b 数组中（myArray8.java）

$$a=\begin{pmatrix} 2 & 6 & 8 \\ 1 & 5 & 7 \end{pmatrix} \qquad b=\begin{pmatrix} 2 & 1 \\ 6 & 5 \\ 8 & 7 \end{pmatrix}$$

```
public class MyArray8
{
    public static void main(String args[])
    {
        int[][] a={{2,6,8},{1,5,7}};
        int[][] b=new int[3][2];

        System.out.println("Array a:");

        for(int i=0;i<a.length;i++)
        {
            for(int j=0;j<a[i].length;j++)
            {
                System.out.print(a[i][j]+"   ");
            b[j][i]=a[i][j];   //数组 a 的第 i 行第 j 列的元素赋值给数组 b 的第 j 行
                            第 i 列的元素
            }
            System.out.println();
```

```
        }

        System.out.println("Array b:");

        for(int i=0;i<b.length;i++)
        {
            for(int j=0;j<b[i].length;j++)
            {
                System.out.print(b[i][j]+"    ");
            }
            System.out.println();
        }
    }
}
```

程序执行结果如图 5-9 所示。

图 5-9　程序执行结果

例 5-9　数组名作为方法的参数（myArray9.java）

```
class ChangeVl
{
    void changevl(int arr[][])    //形式参数为二维数组
    {
        for(int i=0;i<arr.length;i++)
        {
            for(int j=0;j<arr[i].length;j++)
            {
                arr[i][j]*=2;
            }
        }
    }
}

public class MyArray9
{
    public static void main(String args[])
    {
        int[][] a={{2,6,8},{1,5,7}};    //声明并初始化二维数组 a
        System.out.println("Array1:");
```

```
        for(int i=0;i<a.length;i++)
        {
            for(int j=0;j<a[i].length;j++)
            {
                System.out.print(a[i][j]+"   ");
            }
            System.out.println();
        }

        ChangeVl myChangeVl=new ChangeVl();
        myChangeVl.changevl(a);   //以二维数组 a 作为实际参数调用方法 changevl

        System.out.println("Array2:");

        for(int i=0;i<a.length;i++)
        {
            for(int j=0;j<a[i].length;j++)
            {
                System.out.print(a[i][j]+"   ");
            }
            System.out.println();
        }
    }
}
```

程序执行结果如图 5-10 所示。

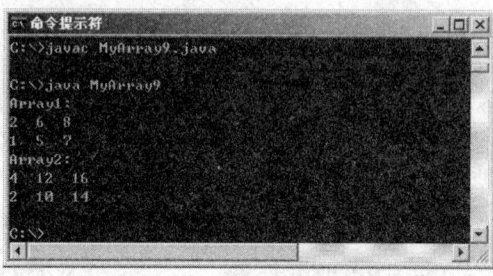

图 5-10   程序执行结果

5.2 字符串类

字符串是在编程中经常会用到的一种数据类型。在 C 语言中，要处理字符串类型的数据时都是使用字符数组来实现的。而在 Java 语言中，字符串数据类型被封装成了字符串类，所以处理字符串时是由字符串类的对象来实现的。

Java 语言利用 Java.lang 包中的两个类 String 和 StringBuffer 来处理字符串。其中，String 类用来处理创建后不再作任何改动的字符串常量；StringBuffer 类用来处理创建后允许再作改动的字符串变量。

5.2.1 String 类

前面的章节中，已经多次使用了 String 类，只是当时没有具体讲解。在 Java 中，字符串常量都是以 String 类的对象存在的。对于所有字符串常量，若没有明确命名时，系统都会自动为它创建一个无名的 String 类的对象。

1．String 类对象的创建

创建 String 类对象的语法格式与创建其他类的对象的语法格式一样。例如：

```
String s = new String("hello,Java!");
```

该语句创建了 String 类的一个对象 s，并通过构造函数用"hello,Java! "对其进行初始化。该语句通常被简写为：

```
String s="hello,Java!";
```

String 类中拥有如下七种构造函数用来创建 String 类的对象。

1）public String() ：用来创建一个空字符串对象。

2）public String(String value)：用一个 String 类的对象来创建一个新的字符串对象，例如上面的 String s = new String("hello,Java!");就是调用的该构造函数。

3）public String(char value[])：用字符数组 value 来创建字符串对象。

4）public String(char value[],int beginIndex,int count)：从字符数组 value 中下标为 beginIndex 的字符开始，创建有 count 个字符的串对象。

5）public String(byte ascii[])：用字节型字符串数组 ascii，按照缺省的字符编码方案创建串对象。

6）public String(byte ascii[],int beginIndex,int count)：从字节型字符串数组 ascii 中下标为 beginIndex 的字符开始，按照缺省的字符编码方案创建有 count 个字符的串对象。

7）public String(StringBuffer buffer)：利用一个已存在的 StringBuffer 对象为新建的 String 对象初始化。

其中，1）、2）、3）、4）、7）较为常用，下面以一个具体的示例来讨论这五种常用的构造函数的具体应用。

例 5-10　String 类中的五种常用构造函数的使用（MyStringBuffer1.java）

```
public class MyStringBuffer1
{
    public static void main(String args[])
    {
        char[] a={'h','e','l','l','o',' ','j','a','v','a','!'};
        String s1,s2,s3,s4,s5,s6;
        StringBuffer sb=new StringBuffer("Welcome to java world!");

        s1="hello!";
        s2=new String(s1);
        s3=new String(a);          //用字符数组 a 来创建字符串对象 s3
        s4=new String(a,6,5);      //从字符数组 a 中下标为 6 的字符开始，
                                   //创建有 5 个字符的串对象 s4
        s5=new String();           //创建空字符串对象 s5
        s6=new String(sb);         //用 StringBuffer 类的对象来创建字符串对象 s6

        System.out.println("s1="+s1);
        System.out.println("s2="+s2);
```

```
        System.out.println("s3="+s3);
        System.out.println("s4="+s4);
        System.out.println("s5="+s5);
        System.out.println("s6="+s6);
    }
}
```

程序执行结果如图 5-11 所示。

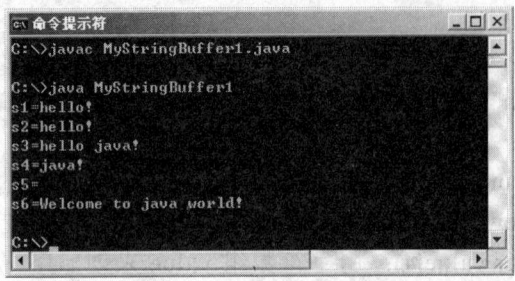

图 5-11　程序执行结果

2．String 类的常用方法

创建 String 类的对象后，就可以使用类的成员方法来对对象进行处理。String 类中有丰富的成员方法可供调用。常用的成员方法如表 5-1 所示。

表 5-1　String 类中常用的成员方法

成 员 方 法	说　　明
public int length()	返回当前字符串对象的长度
public char charAt(int index)	返回当前字符串对象下标 index 处的字符
public int indexOf(int ch)	返回当前字符串中第一个与指定字符 ch 相同的字符的下标，若未找到则返回-1
public int indexOf(int ch,int fromIndex)	从下标 fromIndex 处开始搜索，返回第一个与指定字符 ch 相同的字符的下标，若未找到则返回-1
public int lastIndexOf(int ch)	从当前字符串尾部向头部查找，返回第一个与指定字符 ch 相同的字符的下标，若未找到则返回-1
public int lastIndexOf (int ch,int fromIndex)	从下标 fromIndex 处开始向前搜索，返回第一个与指定字符 ch 相同的字符的下标，若未找到则返回-1
public int indexOf(String str, int fromIndex)	从下标 fromIndex 处开始搜索，返回第一个与指定字符串 str 相同的串的第一个字母在当前串中的下标，若未找到则返回-1
public String substring(int beginIndex)	返回当前串中从下标 beginIndex 处开始到串尾的子串
public String substring(int beginIndex,int endIndex)	返回当前串中从下标 beginIndex 处开始到下标 endIndex-1 处的子串
public boolean equals(Object obj)	将当前字符串与方法的参数列表中给出的字符串进行比较，若两者相同则返回 true，否则返回 false
public boolean equals(String str)	用法与 equals 类似，只是在进行比较时忽略字母的大小写
public int compareTo(String str)	将当前字符串与 str 进行比较，并返回一个整型量，若两串相同，则返回 0，若当前串按字母序大于 str，则返回一个大于 0 的整数，若当前串按字母序小于 str，则返回一个小于 0 的整数
public String concat(String str)	将 str 连接在当前字符串的尾部，并返回连接而成的新字符串，但当前字符串本身并不改变
public String replace(char ch1,char ch2)	将当前字符串中的 ch1 字符替换成 ch2 字符
public String toLowerCase()	将当前字符串中的大写字母替换成小写字母
public String toUpperCase()	将当前字符串中的小写字母替换成大写字母

续表

成 员 方 法	说 明
public static String valueOf(Object obj)	返回 object 参数的字符串表示形式
public static String valueOf(char value[], int beginIndex,int count)	返回字符数组 value 从下标 beginIndex 开始的 count 个字符的字符串
public static String valueOf(type value)	返回 value 值的字符串形式
public String toString()	返回当前字符串
public boolean startsWith(String str)	判断当前字符串的前缀是否是 str，是则返回 true，否则返回 false
public boolean endsWith(String str)	判断当前字符串的后缀是否是 str，是则返回 true，否则返回 false

下面以一个具体的示例来进行讨论。

例 5-11 String 类中常用的成员方法（MyStringBuffer2.java）

```java
public class MyStringBuffer2
{
    public static void main(String args[])
    {
        String s="Welcome to java word";
        System.out.println(s.length());              //输出 s 的长度
        System.out.println(s.substring(11));         //输出字符串 s 中从下标 11 处开始
                                                     //  到串尾的子串
        System.out.println(s.substring(11,15));      //输出字符串 s 中从下标 11 处开始
                                                     //  到下标 15-1 即 14 处的子串
        System.out.println(s.toUpperCase());         //将字符串 s 转换成大写后输出
        System.out.println(s.charAt(0));             //输出 s 中下标在 0 处的字符
        System.out.println(s.indexOf("java"));       //输出 s 中"java"子串所在的位置
        System.out.println(s.replace('j','J'));      //将 s 字符串中的 j 转换成 J 后输出
        //如果在不区分大小写的情况下 s 与"WELCOME TO JAVA WORD"相同，则
        //将字符串"!"连接在 s 的尾部后输出
        if(s.equalsIgnoreCase("WELCOME TO JAVA WORD"))
        {
            System.out.println(s.concat("!"));
        }
    }
}
```

程序执行结果如图 5-12 所示。

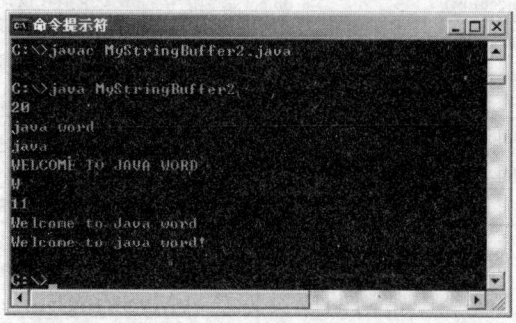

图 5-12   程序执行结果

5.2.2 StringBuffer 类

Java 中用来处理字符串的另一个类是 StringBuffer。与 String 类不同，StringBuffer 类用来处理创建后允许再作改动的字符串变量。

1．StringBuffer 类对象的创建

创建 StringBuffer 类对象的语法格式与创建 String 类对象的语法格式类似。例如：

StringBuffer sb = new StringBuffer("hello,Java!");

该语句创建了 StringBuffer 类的一个对象 sb，并通过构造函数用"hello Java! "对其进行初始化。StringBuffer 类中拥有如下三种构造函数用来创建 StringBuffer 类的对象。

1）public StringBuffer()：用来创建一个空的 StringBuffer 对象，初始分配 16 个字符的空间。

2）public StringBuffer(int length)：用来创建一个空的 StringBuffer 对象，初始分配 length 个字符的空间。

3）public StringBuffer(String str)：用一个 String 类的对象来初始化 StringBuffer 类的对象。

例如：

```
StringBuffer sb1 = new StringBuffer();   //创建了一个空的 StringBuffer 对象 sb1,
                                         //并初始分配了 16 个字符的空间
StringBuffer sb2 = new StringBuffer(6);   //创建了一个空的 StringBuffer 对象 sb2,
                                          //并初始分配了 6 个字符的空间
StringBuffer sb3 = new StringBuffer("hello,Java!");   //创建了一个 StringBuffer 对象 sb3,
                                                      //并用"hello,Java!"对其进行初始化
```

2．StringBuffer 类的常用方法

创建 StringBuffer 类的对象后，就可以使用类的成员方法来对对象进行处理。StringBuffer 类中同样有丰富的成员方法可供调用。常用的成员方法如表 5-2 所示。

表 5-2　StringBuffer 类中常用的成员方法

成 员 方 法	说　　明
public int length()	返回当前缓冲区中字符串的长度
public char charAt(int index)	返回当前缓冲区中字符串下标 index 处的字符
public int setCharAt(int index,char ch)	将当前缓冲区中字符串下标 index 处的字符用 ch 来替换
public int capacity()	返回当前缓冲区的长度
public StringBuffer append(Object obj)	将 object 参数的字符串表示形式追加到当前字符串末尾
public StringBuffer append(type value)	将 value 值的字符串形式追加到当前字符串末尾
public StringBuffer append(char value, int beginIndex,int length)	将数组 value 中从下标 beginIndex 开始的 length 个字符追加到当前字符串末尾
public StringBuffer insert(int index, Object obj)	将 object 参数的字符串表示形式插入到当前字符串下标 index 处
public StringBuffer insert(int index,type value)	将 value 值的字符串形式插入到当前字符串下标 index 处
public String toString()	将当前可变字符串转化成不可变的 String 类字符串并返回

下面以一个具体的示例来进行讨论。

例 5-12　StringBuffer 类中常用的成员方法（MyStringBuffer3.java）

public class MyStringBuffer3

```
{
    public static void main(String args[])
    {
        String s="word!";
        StringBuffer sb= new StringBuffer("hello!");

        System.out.println(sb.length());     //输出 sb 的长度
        System.out.println(sb.charAt(1));   //输出 sb 字符串中下标为 1 处的字符

        sb.setCharAt(0,'H');      //将 sb 字符串中下标为 0 处的字符换成'H'

        System.out.println(sb.append(s));           //在 sb 后追加 s 字符串
        System.out.println(sb.insert(6,"java ")); //在下标为 6 的位置插入"java "字符串
        System.out.println(sb.toString());             //将 sb 可变字符串转换成不可变换字符串
        System.out.println(sb.capacity());            //输出当前缓冲区长度
    }
}
```

程序执行结果如图 5-13 所示。

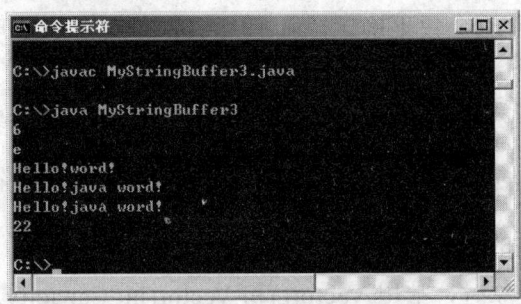

图 5-13　程序执行结果

习　题

1．什么是数组？它有哪些特点？如何使用数组？

2．编程：求一个一维数组中元素的最大值、最小值和平均值。

3．编程：求一个二维数组所有元素的和。

4．编程：求一个 6×6 矩阵对角线元素之和。

5．假设有一个包含 30 个元素的一维数组，编程查找其中最大值在数组中的位置。

6．编程：实现两个 2×3 矩阵相加，并输出相加后的新矩阵。

7．声明一个学生类，成员包括学号、姓名、年龄和身份证号码，声明该类的对象数组，初始化数组后输出各个元素的学号和姓名。

8．在第 7 题的基础上为学生类增加一个出生日期，初始化该类数组时截取身份证中相应数字串形成出生日期。

9．编程：实现统计字符串 "Hello! Welcome to java world!" 中字母'l'出现的次数。

第 6 章　数据结构与常用算法

本章首先介绍向量、哈希表的概念与使用方式以及数据结构中的接口，然后着重讨论一些常见的数据结构和算法在 Java 中的实现，包括链表、队列、堆栈和二叉树结构以及排序与查找的算法。

6.1　向量

向量（Vector）是系统提供的一个工具类，它被包含在 java.util 包中。向量的结构与前面介绍的数组非常相似，但功能比数组更强大。它不要求每个元素都具有相同的数据类型，而且元素的个数可以动态改变。Vector 类的对象不但可以顺序存储一列数据，而且还封装了一些非常有用的方法来处理和操作这些数据。

虽然 Vector 类中封装的方法要比数组中多一些，但它也存在一些局限性，例如，其中的元素不能是基本数据类型。

向量适合在以下情况下使用：

1）需要处理的元素的个数不确定，而且元素都是对象或者可以表示为对象；

2）需要将不同类的对象存放在一个数据序列中；

3）需要动态改变序列中数据的个数；

4）需要经常进行各种查找与定位操作；

5）需要在不同类间传递大量数据。

6.1.1　创建 Vector 类的对象

创建 Vector 类的对象时，常用 Vector()和 Vector(int Capacity , int Increament)两种构造函数。

（1）public Vector()

使用该构造函数创建向量对象时，初始元素个数为 10 个。例如：

Vector a = new Vector();

该语句创建了一个名为 a 的 Vector 类的对象，并为它开辟了 10 个元素的容量。

（2）public Vector(int Capacity , int Increament)

使用该构造函数创建向量对象时，初始元素个数为 Capacity 个，在需要向该向量对象增加元素时，一次可以增加 Increament 个。例如：

Vector b = new Vector(30,6);

该语句创建一个名为 b 的 Vector 类的对象，并为它开辟了 30 个元素的容量，当这30 个元素的容量使用殆尽时，则以 6 个元素为单位递增。

6.1.2　处理和操作向量序列中的元素

Vector 类中封装了一些用来处理和操作向量元素的方法，在创建了 Vector 类的对象后，就可以使用这些方法来处理和操作其中的元素了。下面介绍其中一些比较常用的方法。

1．添加元素

在 Vector 类中封装了如下两个常用的方法，可用于在向量序列中添加元素。

（1）public void addElement(Object obj)

该方法将新元素 obj 添加在当前向量的尾部。

（2）public void insertElementAt(Object obj,int index)

该方法将新元素 obj 插入到向量中指定的 index 处（index 为 0 时表示第一个位置）。

2．修改与删除元素

在 Vector 类中封装了如下常用的五种方法，可用于修改或删除向量序列中的元素。

（1）public void setElementAt(Object obj,int index)

该方法将向量序列中位于 index 处的元素设置成 obj，如果该位置原来有元素，则将其覆盖。

（2）public boolean removeElement(Object obj)

该方法将向量序列中第一次出现的 obj 对象删除，并将后面的元素前移补上空位。如果向量序列中存在 obj，返回 true，否则返回 false。

（3）public void removeElementAt(int index)

该方法将向量序列中位于 index 处的元素删除，并将后面的元素前移补上空位。

（4）public Object remove(int index)

该方法将向量序列中位于 index 处的元素删除，并返回该元素。

（5）public void removeAllElements()

该方法将向量序列中的所有元素全部清除。

需要注意的是：因为返回的是 Object 类型的对象，所以在使用之前通常需要通过强制类型转换将返回的对象引用转换成 Object 类的某个具体子类的对象。

3．查找元素

在 Vector 类中封装了如下常用的六种方法可用于查找向量序列中的元素。

（1）public Object elementAt(int index)

该方法返回向量序列中指定的 index 处的元素。

（2）public boolean contains(Object obj)

该方法查找向量序列中是否包含元素 obj，是则返回 true，否则返回 false。

（3）public int indexOf(Object obj)

该方法返回元素 obj 在向量序列中首次出现的位置，若不存在该元素，则返回-1。

（4）public int indexOf(Object obj,int index)

该方法从向量序列中指定的 index 处开始向后查找，返回元素 obj 在向量序列中首次出现的位置，若不存在该元素，则返回-1。

（5）public int lastIndexOf(Object obj)

该方法从向量序列的尾部向前查找，返回元素 obj 首次出现的位置，若不存在该元素，则返回-1。

（6）public int lastIndexOf(Object obj,int index)

该方法从向量序列中指定的 index 处开始向前查找，返回元素 obj 在向量序列中首次出现的位置，若不存在该元素，则返回-1。

下面通过一个示例来进一步讨论以上方法的具体应用。

例 6-1 向量的创建与使用示例（myVector1.java）

```java
import java.util.*;
public class myVector1
{
    public static void main(String args[])
    {
        Vector a=new Vector();    //创建向量 a

        a.addElement("Hello!");    //添加元素
        a.addElement("Welcome to");
        a.addElement(" program");
        a.addElement(" world!");

        for(int i=0;i<a.size();i++)    //方法 size()可返回向量 a 的元素个数
        {
            System.out.print((String)a.elementAt(i));    //循环输出 a 中的元素
                                                          //注意此处的强制类型转换
        }
        System.out.println();

        a.insertElementAt(" C",2);    //在下标为 2 处插入元素" C"

        for(int i=0;i<a.size();i++)
        {
            System.out.print((String)a.elementAt(i));
        }
        System.out.println();

        a.setElementAt(" java",2);    //将下标为 2 处的元素换成" java"
        a.removeElementAt(3);         //将下标为 3 处的元素删除

        for(int i=0;i<a.size();i++)
        {
            System.out.print((String)a.elementAt(i));
        }
        System.out.println();
        System.out.println(a.indexOf(" java"));    //返回元素" java"在向量中首次出
                                                   //现的位置

    }
}
```

程序执行结果如图 6-1 所示。

图 6-1　程序执行结果

在编译 Java 源文件时，若使用的是 1.5 或以上版本的 JDK 时，可能会出现图 6-1 中"使用了未经检查或不安全的操作；请使用-Xlint:unchecked 重新编译。"的提示。原因是 JDK 1.5 以上版本里的集合类的创建和 JDK 1.4 里有些区别，主要是 JDK1.5 里增加了泛型，也就是说，可以对集合里的数据进行检查。在 JDK1.5 以前，如果没有指定参数类型，则 JDK 1.5 编译器由于无法检查给出的参数是否合乎要求，而报告 unchecked 警告，这并不影响运行。按照提示，编译时指定参数即可取消这样的警告，或者为其制定类型参数。

向量中的元素不仅可以是例 6-1 中的字符串，还可以是自定义类的对象。例如例 6-2。

例 6-2　自定义类的对象作为向量的元素（myVector2.java）

```java
import java.util.*;
class Car    //声明自定义类 Car
{
    String type;
    int length;
    int width;
    int height;

    Car(String tp,int len,int wid,int hei)
    {
        type=tp;
        length=len;
        width=wid;
        height=hei;
    }
}

class Airplane    //声明自定义类 Airplane
{
    String type;
    int length;
    int wing_span;
    int height;

    Airplane(String tp,int len,int wis,int hei)
    {
        type=tp;
```

```
            length=len;
            wing_span =wis;
            height=hei;
        }
    }

public class myVector2
{
    public static void main(String args[])
    {
        Vector a=new Vector();    //创建向量 a

        a.addElement(new Car("Audi A8 W12",5267,1949,1471));    //添加元素
        a.addElement(new Car("Benz S600",5230,1871,1485));
        a.addElement(new Car("BMW 760Li",5212,1902,1484));
        //输出下标为 1 的元素中 type 的值
        System.out.println(((Car)a.elementAt(1)).type);
        //在下标为 1 处插入新元素，即类 Airplane 的对象
        a.insertElementAt(new Airplane("Boeing 747-400",70600,64400,19300),1);
        //再次输出下标为 1 的元素中 type 的值
        System.out.println(((Airplane)a.elementAt(1)).type);
    }
}
```

程序执行结果如图 6-2 所示。

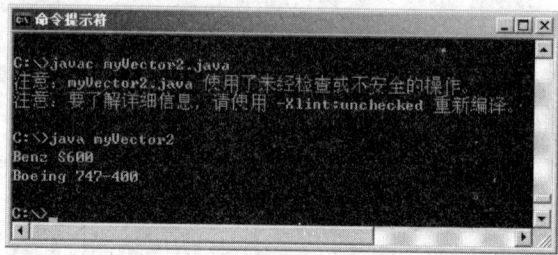

图 6-2 程序执行结果

通过观察本程序不难发现，向量 a 中的元素既有类 Car 的对象，也有类 Airplane 的对象，因为向量不要求每个元素都具有相同的类型。

6.1.3 枚举器

在前面的示例程序中，每当需要列举向量元素时，都是通过调用 elementAt 方法来实现的。除此之外，Vector 类还可以通过枚举器（Enumeration）来列举元素。Vector 类中封装了一个 Enumeration()方法，该方法可以返回一个 Enumeration 接口，该接口有以下两个方法。

（1）public boolean hasMoreElements()

该方法用于判断是否还有元素。

（2）public Object nextElement()

该方法返回下一个元素。

下面以例 6-2 的程序为基础进行修改，引入枚举器的用法。

例 6-3 枚举器使用示例（myVector3.java）

```java
import java.util.*;
class Car
{
    String type;
    int length;
    int width;
    int height;
    Car(String tp,int len,int wid,int hei)
    {
        type=tp;
        length=len;
        width=wid;
        height=hei;
    }
}

public class myVector3
{
    public static void main(String args[])
    {
        Vector a=new Vector();
        a.addElement(new Car("Audi A8 W12",5267,1949,1471));
        a.addElement(new Car("Benz S600",5230,1871,1485));
        a.addElement(new Car("BMW 760Li",5212,1902,1484));

        Enumeration enum_a=a.elements();    //声明一个名为 enum_a 的枚举器
                                            //并将向量 a 的所有元素赋予它
        while(enum_a.hasMoreElements())     //当 enum_a 中还有元素时，
        {                                   //输出元素中 type 的值
            System.out.println(((Car)enum_a.nextElement()).type);
        }
    }
}
```

程序执行结果如图 6-3 所示。

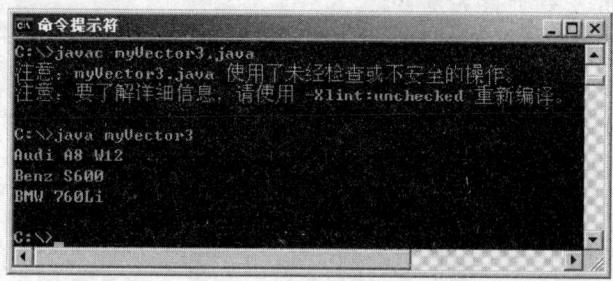

图 6-3 程序执行结果

99

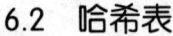

6.2 哈希表

与向量类似,哈希表(Hashtable)也是系统提供的一个工具类,它同样被包含在 java.util 包中。与数组和链表(后面会介绍)不同,哈希表是使用关键字来查找被存储的数据项的一种数据结构,在哈希表中不能出现具有相同关键字的数据项。哈希表也是一种动态的数据结构,它的存储容量在需要时可以根据装载因子自动增大。例如,某哈希表的装载因子是 0.9,则当该哈希表的容量被使用了 90%时,其容量会自动增大到原来的两倍。

6.2.1 创建 Hashtable 类的对象

创建 Hashtable 类的对象时,可使用系统提供的构造函数,具体如下。

(1)public Hashtable ()

使用该构造函数创建具有默认容量和装载因子为 0.75 的哈希表。

(2)public Hashtable (int intialCapacity)

使用该构造函数创建容量为 intialCapacity 和装载因子为 0.75 的哈希表。

(3)public Hashtable (int intialCapacity,float loadFactor)

使用该构造函数创建容量为 intialCapacity 和装载因子为 loadFactor 的哈希表。

6.2.2 Hashtable 类中封装的方法

Hashtable 类中封装了一些用来处理和操作哈希表元素的方法,在创建了 Hashtable 类的对象后,就可以使用这些方法来处理和操作其中的元素了。下面介绍其中一些比较常用的方法。

(1)public void put(Object key,Object value)

该方法用于增加一个元素,该元素关键字为 key,值为 value。

(2)public Object get(Object key)

该方法用于返回关键字为 key 的元素的值。

(3)public Object remove(Object key)

该方法用于删除关键字为 key 的元素,并返回该元素的值。

(4)public int size()

该方法返回哈希表中关键字的数目。

(5)public boolean isEmpty()

该方法用于判断哈希表是否为空。

(6)public Enumeration keys()

该方法返回哈希表中所有关键字。

(7)public Enumeration elements()

该方法返回哈希表中所有值。

下面通过一个示例来进一步讨论以上方法的具体应用。

例 6-4 哈希表应用示例(myHashtable1.java)

```java
import java.util.*;
public class myHashtable1
{
    public static void main(String args[])
```

```
    {
        String[] name={"Tom","Jack","Mike"};
        String[] score={"96","88","98"};

        Hashtable ht=new Hashtable();    //创建 Hashtable 类的对象 ht

        for(int i=0;i<name.length;i++)    //通过循环将数组中元素加入 ht,
        {                                     //其中 name 中的元素作为关键字
            ht.put(name[i],score[i]);      //score 中的元素作为值
        }

        Enumeration enum_name=ht.keys();    //将 ht 中所有的关键字加入枚举器中
        Object ob1=new Object();
        Object ob2=new Object();

        while(enum_name.hasMoreElements())
        {
            ob1=enum_name.nextElement();
            ob2=ht.get(ob1);    //通过 get 方法由当前关键字取得相应的值
            System.out.println(ob1+" "+ob2);
        }
    }
}
```

程序执行结果如图 6-4 所示。

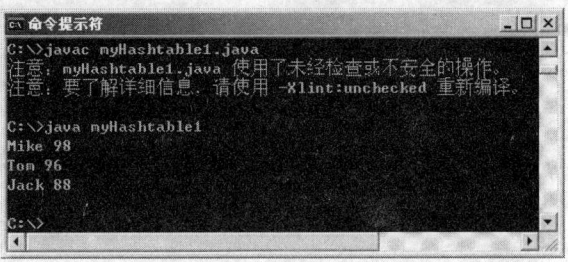

图 6-4   程序执行结果

6.3   数据结构中的接口

Java 中的数据结构主要提供了 Collection、Set、List 和 Iterator 四种接口。它们可以用来描述各种不同类型的数据结构。

6.3.1   Collection 接口

Collection 接口是任意对象组的集合,其中对象的存放没有规定的顺序,且允许对象重复。对该接口进行操作的主要方法如下。

(1) public boolean add(Object obj)

该方法用于向集合添加 obj 对象。

(2) public boolean remove(Object obj)

該方法用于删除集合中首次出现的 obj 对象。

（3）public boolean contains(Object obj)

该方法用于判断集合中是否包含 obj 对象。

（4）public boolean equals(Object obj)

该方法用于比较当前对象是否与 obj 相同。

下面通过一个示例来进一步讨论以上方法的具体应用。

例 6-5　Collection 接口应用示例（myCollection1.java）

```java
import java.util.*;
public class myCollection1
{
    public static void main(String args[])
    {
        String[] name={"Tom"," Jack"," Mike"," Mary"," Lily"," Mike"};

        Collection co1=new Vector();   //通过 Vector 类实现 Collection 接口
        Collection co2=new Vector();
        for(int i=0;i<name.length;i++) //通过循环为 co1 和 co2 添加对象
        {
            co1.add(name[i]);
            co2.add(name[i]);
        }

        if(co1.equals(co2))              //判断 co1 是否与 co2 相同，是则输出"Yes"
        {
            System.out.println("Yes");
        }

        Object[] ob1=co1.toArray();    //将 co1 中的对象转换成数组 ob1 中的元素
        for(int j=0;j<ob1.length;j++)  //循环输出 ob1 中的元素
        {
            System.out.print(ob1[j]);
        }
        System.out.println();

        co1.add(" Jim");   //向 co1 中添加对象"Jim"
        while(co1.contains(" Mike"))   //通过循环判断并删除 co1 中所有的"Mike"
        {
            co1.remove(" Mike");
        }
        Object[] ob2=co1.toArray();    //将此时 co1 中的对象转换成数组 ob2 中的元素
        for(int k=0;k<ob2.length;k++)  //循环输出 ob2 中的元素
        {
            System.out.print(ob2[k]);
        }
        System.out.println();
```

```
        }
}
```
程序执行结果如图 6-5 所示。

图 6-5 程序执行结果

6.3.2 Set 接口

Set 接口由 Collection 接口派生而来，它也是一种无序的集合。但与 Collection 接口不同的是，Set 接口不能包含重复元素，且最多包含一个 null 元素，它是数学集合的抽象模型。Set 接口有 HashSet 和 TreeSet 两个实现类。HashSet 类是基于哈希表的集合，TreeSet 类是基于平衡树的数据结构。这里以 HashSet 为实现类来进一步讨论 Set 接口。

例 6-6 Set 接口应用示例（mySet1.java）

```java
import java.util.*;
public class mySet1
{
    public static void main(String args[])
    {
        String[] name={"Tom"," Jack"," Mike"," Mary"," Lily"," Mike"};

        Set s=new HashSet();              //以 HashSet 来实现 Set 接口
        for(int i=0;i<name.length;i++)    //循环将 name 中元素加入 s 中
        {
            s.add(name[i]);
        }

        System.out.println(s);
    }
}
```
程序执行结果如图 6-6 所示。

图 6-6 程序执行结果

103

Java 大学教程

通过程序执行的结果不难发现，原来数组 name 中的元素存在两个相同的"Mike"元素，而在将 name 中的元素加入接口中时，重复的元素未被加入，所以输出的结果中只有一个"Mike"。

6.3.3 List 接口

List 接口也是由 Collection 接口派生而来，也称为序列，它允许包含重复的元素，且元素的存放是有序的，因此可以根据元素在序列中的位置来访问它们。List 接口通常用 ArrayList 类来实现。ArrayList 可以被看做能够自动增长容量的数组。从内部实现机制来讲，ArrayList 和 Vector 都是使用数组(Array)来控制集合中的对象。当向这两种类型中增加元素的时候，如果元素的数目超出了内部数组目前的长度，它们都需要扩展内部数组的长度，Vector 在默认情况下自动增长原来一倍的数组长度，ArrayList 是原来的50%。

下面在例 6-6 的基础上稍作修改来进一步认识 List 接口。

例 6-7 List 接口应用示例（myList1.java）

```java
import java.util.*;
public class myList1
{
    public static void main(String args[])
    {
        String[] name={"Tom"," Jack"," Mike"," Mary"," Lily"," Mike"};
        List ls=new ArrayList ();
        for(int i=0;i<name.length;i++)
        {
            ls.add(name[i]);
        }
        System.out.println(ls);
    }
}
```

程序执行结果如图 6-7 所示。

图 6-7　程序执行结果

通过程序执行结果不难发现，输出的序列不仅允许重复，而且是有序的。

6.3.4 Iterator 接口

Iterator 接口是专门的迭代输出接口，迭代输出是指对元素一个个进行判断，如果不为空则取出该元素中的内容。可以直接使用 Collection 接口中定义的 iterator()方法来创建 Iterator 对象。Iterator 接口中有如下三个比较常用的方法。

（1）public boolean hasNext()

该方法用于判断是否有下一个值。

（2）public Object next()

该方法用于取出当前元素。

（3）public void remove()

该方法用于删除当前元素。

下面通过一个示例来进一步讨论以上方法的具体应用。

例 6-8　Iterator 接口应用示例（myIterator1.java）

```java
import java.util.*;
public class myIterator1
{
    public static void main(String args[])
    {
        String[] name={"Tom"," Jack"," Mike"," Mary"," Lily"," Mike"};
        Collection co=new ArrayList ();
        for(int i=0;i<name.length;i++)
        {
            co.add(name[i]);
        }
        Iterator it=co.iterator();    //实例化 Iterator 接口
        String s="";
        while(it.hasNext())           //通过循环将所有的" Mike"删除
        {
            s=(String) it.next();
            if(s.equals(" Mike"))
            {
                it.remove();
            }
            else
            {
                System.out.print(s);
            }
        }
        System.out.println();
    }
}
```

程序执行结果如图 6-8 所示。

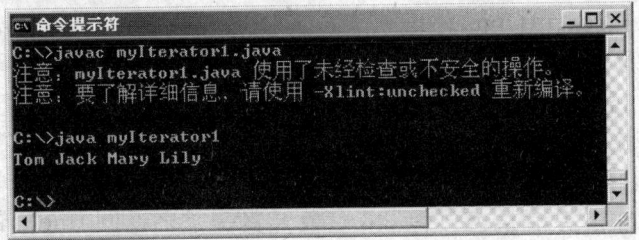

图 6-8　程序执行结果

6.4 链表

链表（LinkedList）是一种重要的线性数据结构，它由若干个节点组成，分为单链表（见图6-9）和双链表（见图6-10）。单链表的节点包含一个数据和下一个节点的引用，双链表的节点包含一个数据、下一个节点的引用和上一个节点的引用。

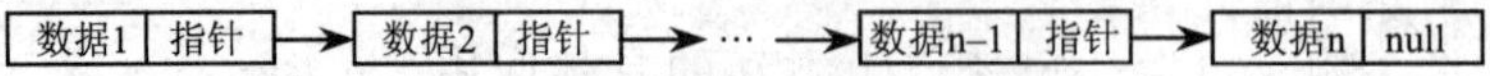

| 数据1 | 指针 | → | 数据2 | 指针 | → … → | 数据n−1 | 指针 | → | 数据n | null |

图6-9　单链表

| null | 数据1 | 指针 | ⇄ | 指针 | 数据2 | 指针 | ⇄ … ⇄ | 指针 | 数据n−1 | 指针 | ⇄ | 指针 | 数据n | null |

图6-10　双链表

在 Java 中可以用 java.util 包中的 LinkedList 类创建一个链表对象，该类封装了一些对链表进行各种操作的常用方法。

1．增加对象元素的主要方法

（1）public void add(int index,Object obj)

该方法用于向链表中指定的 index 处增加一个 obj 对象元素。

（2）public boolean add(Object obj)

该方法用于向链表增加一个 obj 对象元素。

（3）public boolean addFirst(Object obj)

该方法用于向链表的开头增加一个 obj 对象元素。

（4）public boolean addLast(Object obj)

该方法用于向链表的末尾增加一个 obj 对象元素。

2．获取与修改对象元素的主要方法

（1）public Object get(int index)

该方法用于返回 index 处的对象元素。

（2）public Object getFirst()

该方法用于返回链表的第一个节点的对象元素。

（3）public Object getLast()

该方法用于返回链表的最后一个节点的对象元素。

（4）public Object set(int index,Object obj)

该方法将 index 处的对象元素用 obj 来替换，并返回原来的对象元素。

3．获取对象元素的位置、链表长度以及判断链表中是否包含指定对象元素的方法

（1）public int indexOf(Object obj)

该方法返回对象 obj 在链表中首次出现的位置，若链表中无此对象，则返回-1。

（2）public int lastIndexOf(Object obj)

该方法返回对象 obj 在链表中最后出现的位置，若链表中无此对象，则返回-1。

（3）public boolean contains(Object obj)

该方法用于判断链表中是否包含 obj 对象元素，是则返回 true，否则返回 false。

（4）public int size()

该方法返回当前链表的长度。

4．删除对象元素的主要方法

（1）public Object remove(int index)

该方法用于删除链表中指定的 index 处的对象元素，并返回该对象元素。

（2）public boolean remove(Object obj)

该方法用于删除链表中首次出现的对象元素 obj。

（3）public Object removeFirst()

该方法将链表中第一个节点的对象元素删除，并返回该元素。

（4）public Object removeLast()

该方法将链表中最后一个节点的对象元素删除，并返回该元素。

（5）public Object clear()

该方法将链表中所有的对象元素全部删除。

下面通过一个示例来进一步讨论以上方法的具体应用。

例 6-9 链表应用示例（my LinkedList 1.java）

```
import java.util.*;
public class myLinkedList1
{
    public static void main(String args[])
    {
        LinkedList lin=new LinkedList();   //创建链表对象 lin
        lin.add("Jack");          //向 lin 中添加"Jack"
        lin.addFirst("Tom");    //在 lin 头部添加"Tom"
        lin.addLast("Mary");    //在 lin 尾部添加"Mary"
        lin.add(1,"Mike");       //在 lin 中下标为 1 处添加"Mike"

        for(int i=0;i<lin.size();i++)    //循环输出 lin 中各对象元素
        {
            System.out.print(" "+lin.get(i));
        }
        System.out.println();

        lin.set(2,"Lily");   //将 lin 中下标为 2 处的对象元素改为"Lily"
        if(lin.contains("Tom"))    //判断当前在 lin 中是否包含"Tom"，是则将其删除
        {
            lin.remove("Tom");
        }
        System.out.println(" "+lin.removeFirst());    //删除当前 lin 中第一个元素并返
                                                       //回该元素
        for(int j=0;j<lin.size();j++)
        {
            System.out.print(" "+lin.get(j));
        }
        System.out.println();
    }
```

}
程序执行结果如图 6-11 所示。

图 6-11　程序执行结果

6.5　堆栈

堆栈（Stack）也是一种重要的线性数据结构，如图 6-12 所示，它只能在一端进行输入与输出操作。向堆栈中输入数据的操作称为"压栈"，从堆栈中输出数据的操作称为"弹栈"，它遵循"后进先出"的原则，即堆栈总是把最先输入的数据放在最底下，把后来输入的数据放在已有数据的上面，最后输入的数据在堆栈的最上面，所以它有一个固定的栈底和一个浮动的栈顶。

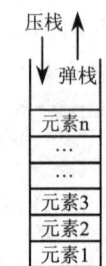

图 6-12　堆栈

在 Java 中是用 java.util 包中的 Stack 类来实现堆栈的工具类，它由 Vector 类派生而来。所以 Stack 类具有 Vector 类的所有方法，除此之外，它自身也有一些操作堆栈的方法。常用的方法如下。

（1）public Object push(Object obj)

该方法向堆栈中压入对象 obj，并返回 obj。

（2）public Object pop()

该方法将栈顶对象弹出，并返回 obj。

（3）public boolean empty()

该方法用于判断堆栈是否还有数据，若有则返回 false，否则返回 true。

（4）public Object peek()

该方法用于查看并返回栈顶数据，但不删除该数据。

（5）public int search(Object obj)

该方法用于查看对象 obj 在堆栈中的位置，最顶端为 1，向下依次递增，若未找到则返回-1。

下面通过一个示例来进一步讨论以上方法的具体应用。

例 6-10　堆栈应用示例（myStack1.java）

```
import java.util.*;
public class myStack1
{
    public static void main(String args[])
    {
        String[] name={" Tom"," Jack"," Mike"," Mary"," Lily"," Mike"};
        Stack st=new Stack();                //创建堆栈对象 st
```

```
            for(int i=0;i<name.length;i++)    //通过循环将数组中元素压入 st 中
            {
                st.push(name[i]);
            }
        System.out.println(st.peek());                //输出当前栈顶数据
        System.out.println(" "+st.search(" Mary"));   //输出" Mary"在 st 中的位置
        while(!st.empty())    //通过循环将 st 中的数据一一弹出
            {
                System.out.print(st.pop());
            }
        }
}
```

程序执行结果如图 6-13 所示。

图 6-13　程序执行结果

6.6　队列

队列（Queue）与链表有些相似，也是一种重要的线性数据结构，如图 6-14 所示，它遵循"先进先出"的原则，在一端输入数据（称为入队操作），在另一端输出数据（称为出队操作）。

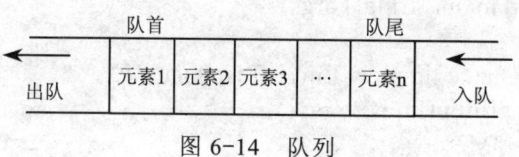

图 6-14　队列

在 Java 中，可以通过 LinkedList 类实现队列。下面通过一个示例来认识队列。

例 6-11　队列应用示例（myQueue1.java）

```
import java.util.*;
class LinkedListQueue
{
    private LinkedList list;        //创建 LinkedList 类的对象 list

    public LinkedListQueue()    //构造函数
    {
        list=new LinkedList();
    }

    public int size()              //队列元素的个数
```

```
        {
            return list.size();
        }

        public void enqueue(Object obj)    //进入队列
        {
            list.addLast(obj);
        }

        public Object dequeue()             //队首元素出列
        {
            return list.removeFirst();
        }

        public Object front()               //浏览队首元素
        {
            return list.getFirst();
        }

        public boolean isEmpty()            //判断队列是否为空
        {
            return list.isEmpty();
        }
    }

public class myQueue1
{
    public static void main(String[] args)
    {
        LinkedListQueue llq=new LinkedListQueue();
        System.out.println(llq.isEmpty());
        llq.enqueue("Mike");
        llq.enqueue("Mary");
        llq.enqueue("Lily");
        System.out.println(llq.size());
        System.out.println("移除队首元素: "+llq.dequeue());
        System.out.println(llq.size());
        llq.enqueue("Tom");
        llq.enqueue("Jack");
        llq.enqueue("Alice");
        System.out.println(llq.size());
        System.out.println("查看队首元素: "+llq.front());
        System.out.println(llq.size());
        System.out.println(llq.isEmpty());
    }
}
```

程序执行结果如图 6-15 所示。

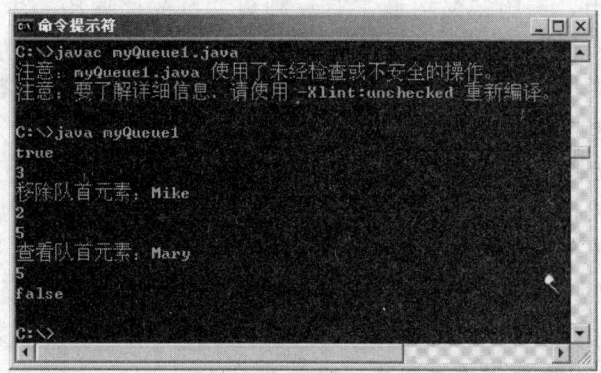

图 6-15　程序执行结果

6.7　二叉树

前面介绍了链表、堆栈和队列，它们都是典型的线性结构，都只有一个前驱节点和一个后继节点。但在处理实际问题时还会经常遇到非线性数据结构，如常见的树形结构。

在树形结构中，每个节点只有一个前驱节点，但可以有多个后继节点。如果只有一个前驱节点，且最多只有两个后继节点，这样的树形结构称为二叉树。在图 6-16 所示的二叉树中，每个节点都只有一个前驱节点。例如，数据 7 节点的前驱节点是数据 5 节点，数据 5 节点的前驱节点是数据 2 节点，数据 2 节点的前驱节点是数据 1 节点。每个节点最多只有两个后继节点，例如，数据 1 节点有数据 2 和数据 3 这两个后继节点，数据 3 节点只有一个数据 6 节点作为后继节点，而数据 6、数据 7 和数据 8 三个节点都没有后继节点。

每棵二叉树中都有一些特殊的节点。例如图 6-16 中的数据 1 节点，它没有前驱节点，这种节点称为根节点，每棵二叉树中有且只有一个根节点。数据 6、数据 7 和数据 8 节点都没有后继节点，这类节点称为叶子节点。

在二叉树中，节点由三部分组成：左指针、右指针和数据。以左指针指向的节点为根节点的二叉树称为当前节点的左子树，以右指针指向的节点为根节点的二叉树称为当前节点的右子树。例如，在图 6-16 所示的二叉树中，数据 2 节点的左子树只有数据 4 节点，右子树包括数据 5、数据 7 和数据 8 三个节点。

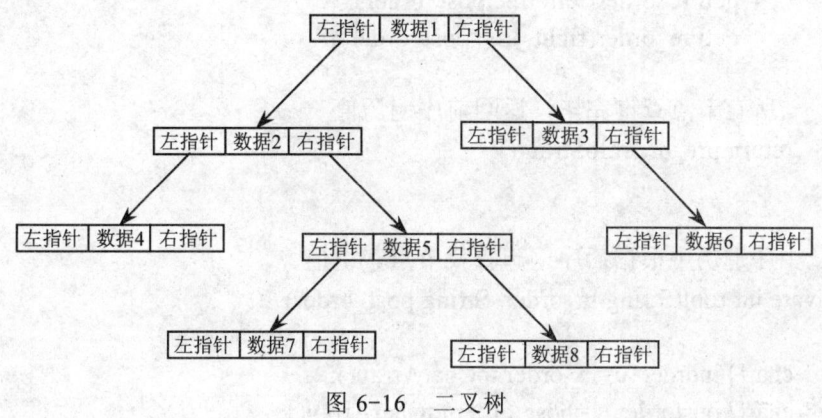

图 6-16　二叉树

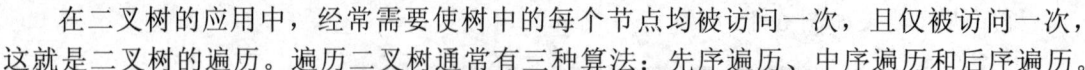

在二叉树的应用中，经常需要使树中的每个节点均被访问一次，且仅被访问一次，这就是二叉树的遍历。遍历二叉树通常有三种算法：先序遍历、中序遍历和后序遍历。

1）先序遍历按照"根节点→左子树→右子树"的顺序来遍历二叉树。例如，在图 6-16 所示的二叉树中，按照先序遍历的算法得到的顺序是：数据 1→数据 2→数据 4→数据 5→数据 7→数据 8→数据 3→数据 6。

2）中序遍历按照"左子树→根节点→右子树"的顺序来遍历二叉树。例如，在图 6-16 所示的二叉树中，按照中序遍历的算法得到的顺序是：数据 4→数据 2→数据 7→数据 5→数据 8→数据 1→数据 3→数据 6。

3）后序遍历按照"左子树→右子树→根节点"的顺序来遍历二叉树。例如，在图 6-16 所示的二叉树中，按照后序遍历的算法得到的顺序是：数据 4→数据 7→数据 8→数据 5→数据 2→数据 6→数据 3→数据 1。

对于一棵二叉树，只要知道这三种遍历顺序中的任意两种，便可得到该二叉树的结构并求出第三种遍历顺序。下面来看一个示例。

例 6-12　根据二叉树中序和后序遍历顺序，求先序遍历顺序（myTree2.java）

```java
public class myTree2
{
    private StringBuffer pre_order=new StringBuffer();

    //根据中序和后序遍历字符串，返回前序遍历字符串
    public String getPre_order(String in_order,String post_order)
    {
        //若节点存在则向 pre_order 中添加该节点，继续查询该节点的左子树和右子树
        if (root(in_order,post_order)!=-1)
        {
            int rootindex=root(in_order,post_order);
            char root=in_order.charAt(rootindex);
            pre_order.append(root);
            String left_tree, right_tree;
            left_tree=in_order.substring(0,rootindex);
            right_tree=in_order.substring(rootindex+1);
            getPre_order(left_tree,post_order);
            getPre_order(right_tree,post_order);
        }
        //所有节点查询完毕，返回前序遍历值
        return pre_order.toString();
    }

    //从中序遍历中根据后序遍历查找节点索引值
    private int root(String in_order, String post_order)
    {
        char[] inorder_c=in_order.toCharArray();
        char[] postorder_c=post_order.toCharArray();
```

```
        for (int i=postorder_c.length-1;i>-1;i--)
        {
            for (int j=0;j<inorder_c.length;j++)
            {
                if (postorder_c[i]==inorder_c[j])
                    return j;
            }
        }
        return -1;
    }

    public static void main(String[] args)
    {

        myTree2 tree=new myTree2();
        String in_order="HDIBEAFCJGK";
        String post_order="HIDEBFJKGCA";
        System.out.println(tree.getPre_order(in_order,post_order));

    }
}
```

程序执行结果如图 6-17 所示。

图 6-17　程序执行结果

6.8　排序算法

　　排序就是将一个数据序列中的各元素按照升序或降序排列的过程。在这一过程中，通常需要改变元素的先后顺序，当元素较多时，会消耗较多的系统资源。为了提高操作效率并降低系统资源的消耗，高效的排序算法很重要。这里介绍三种常用的排序算法：冒泡排序、选择排序和插入排序。

6.8.1　冒泡排序

　　冒泡排序的基本思想是将当前数据序列中的各相邻的元素进行两两比较，若发现任何一对数据元素间的顺序不符合要求的升序或降序关系，则对调它们的顺序，使得相邻的两个元素间符合要求的顺序关系。以升序为例，经过第一轮的两两比较和对调后，序列中最大的元素被排到最后。除该元素外，序列中其他元素再进行第二轮两两比较和对调，此轮操作中产生的最大元素被安排在整个序列的倒数第二的位置上。依此类推，经过若干轮的比较和对调后，所有的数据元素都经过排序，则整个冒泡排序操作就结束了。

下面来看一个示例。

例 6-13　冒泡排序算法示例（myBubbleSort.java）

```java
public class myBubbleSort
{
    public static void main(String args[])
    {
        int a[]={2,3,1,6,9,7,8,5};

        //输出排序前的原始序列
        for(int i=0;i<a.length;i++)
        {
            System.out.print(a[i]+",");
        }
        System.out.println();

        int t;
        //进行冒泡排序操作
        for(int j=a.length-1;j>=1;j--)
        {
            for(int k=0;k<j;k++)
            {   //如果相邻的两个元素不符合升序要求，则对调它们的位置
                if(a[k]>a[k+1])
                {
                    t=a[k];
                    a[k]=a[k+1];
                    a[k+1]=t;
                }
            }
        }
        //输出经过排序后的序列
        for(int i=0;i<a.length;i++)
        {
            System.out.print(a[i]+",");
        }
    }
}
```

程序执行结果如图 6-18 所示。

图 6-18　程序执行结果

114

6.8.2　选择排序

选择排序的基本思想是将当前数据序列中的第一个元素按顺序分别与后面的其他各元素进行比较，以升序为例，每当发现第一个元素大于其他某个元素时，对调它们的位置，这样经过第一轮比较和交换后，第一个元素就是当前序列中最小的元素。再从第二个元素开始重复上述操作，又可将第二个元素变成序列中除第一个元素以外的最小元素。依此类推，每经过一轮这样的操作，序列中未经过排序的元素就减少一个，经过若干轮的操作后，所有的数据元素都经过排序，则整个选择排序操作就结束了。

下面在例 6-13 的基础上作些修改，来演示一下选择排序算法。

例 6-14　选择排序算法示例（mySelectSort.java）

```java
public class mySelectSort
{
    public static void main(String args[])
    {
        int a[]={2,3,1,6,9,7,8,5};

        //输出排序前的原始序列
        for(int i=0;i<a.length;i++)
        {
            System.out.print(a[i]+",");
        }
        System.out.println();

        int t;
        //进行选择排序操作
        for(int j=0;j<a.length-1;j++)
        {
            for(int k=j+1;k<a.length;k++)
            {
                if(a[j]>a[k])
                {
                    t=a[j];
                    a[j]=a[k];
                    a[k]=t;
                }
            }
        }
        //输出经过排序后的序列
        for(int i=0;i<a.length;i++)
        {
            System.out.print(a[i]+",");
        }
    }
}
```

程序执行结果如图 6-19 所示。

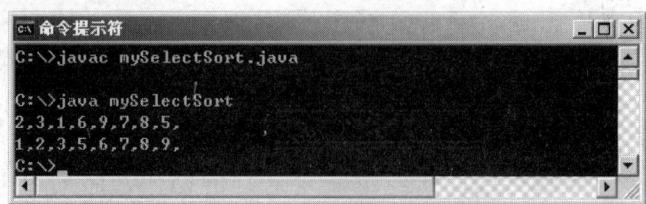

图 6-19   程序执行结果

6.8.3   插入排序

插入排序的基本思想是从当前无序的数据序列中某个的元素开始，例如，从第一个元素开始，将它插入到一个新的有序的序列中，再将原无序序列中的第二个元素也插入到有序序列中合适的位置，使得有序序列依然保持要求的升序或降序排列顺序。依此类推，每经过一轮这样的操作，原无序序列中未经过排序的元素就减少一个，经过若干轮的操作后，所有的原数据元素都经过排序，则整个插入排序操作就结束了。

下面在例 6-13 的基础上作些修改，来演示一下插入排序算法。

例 6-15   插入排序算法示例（myInsertSort.java）

```java
public class myInsertSort
{
    public static void main(String args[])
    {
        int a[]={2,3,1,6,9,7,8,5};

        //输出排序前的原始序列
        for(int i=0;i<a.length;i++)
        {
            System.out.print(a[i]+",");
        }
        System.out.println();

        int k,t;
        //进行插入排序操作
        for(int j=1;j<a.length;j++)
        {
            t=a[j];
            for(k=j-1;k>=0;k--)
            {
                if(a[k]<=t)
                {
                    break;
                }
                else
                {
                    a[k+1]=a[k];
```

116

```
                    }
                }
            a[k+1]=t;
        }
        //输出经过排序后的序列
        for(int i=0;i<a.length;i++)
        {
            System.out.print(a[i]+",");
        }
    }
}
```

程序执行结果如图 6-20 所示。

图 6-20　程序执行结果

6.9　查找算法

查找就是在一个特定的数据集合或序列中查找匹配预先给定的关键值的一个或一组数据的过程。这里介绍两种常用的查找算法：顺序查找和对分查找。

6.9.1　顺序查找

顺序查找的算法比较简单，该算法的基本思想是从数据序列中的第一个元素开始，逐个与给定的关键值进行一一匹配，若找到匹配的元素，则查找成功，否则查找失败。顺序查找对待查找的序列是否经过排序没有要求，它适合用于元素较少的数据序列。

下面来看一个示例。

例 6-16　顺序查找算法示例（myOrderSearch.java）

```
public class myOrderSearch
{
    public static void main(String args[])
    {
        int a[]={2,3,1,6,9,7,8,5};
        //输出排序前的原始序列
        System.out.print("数据序列：");
        for(int i=0;i<a.length;i++)
        {
            System.out.print(a[i]+",");
        }
        System.out.println("\n");

        int key=8,index=-1;    //给定关键值
```

```
        for(int j=0;j<a.length-1;j++)   //顺序查找
        {
            if(a[j]==key)
            {
                index=j;
            }
        }
        if(index!=-1)
        {
            System.out.println("关键值"+key+"的位置是"+index);
        }
        else
        {
            System.out.println("在该数据序列中未找到数据"+key);
        }
    }
}
```

程序执行结果如图 6-21 所示。

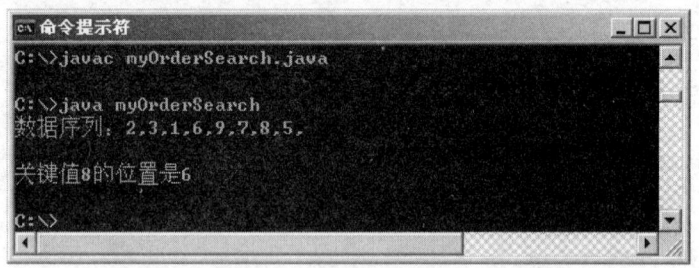

图 6-21　程序执行结果

6.9.2　对分查找

对分查找要求待查找的数据序列是有序的，这就意味着往往事先要对原无序的序列进行排序。这里以查找升序序列为例，将匹配关键值与序列中间的元素进行比较，若两者相等，则查找成功，否则利用该中间的元素将序列分成一前一后两个子序列。若匹配关键值小于序列中间的元素，则说明要查找的关键值只可能存在于前面的子序列中，所以只要查找前面的子序列就可以了；若匹配关键值大于序列中间的元素，则说明要查找的关键值只可能存在于后面的子序列中，所以只要查找后面的子序列就可以了。这样查找的范围就缩小了一半，继续使用对分查找法进行查找，直到目标子序列中只剩下一个元素，若该元素与匹配关键值相匹配，则查找成功，否则失败。可以看出，对分查找的效率比较高，适用于元素较多且排好序的数据序列。

下面来看一个示例。

例 6-17　对分查找算法示例（myBinarySearch.java）

```
public class myBinarySearch
{
    public static void main(String args[])
    {
```

```
int a[]={2,3,1,6,9,7,8,5};

//输出原始无序数据序列
System.out.print("数据序列：");
for(int i=0;i<a.length;i++)
{
    System.out.print(a[i]+",");
}
System.out.println("\n");

//进行冒泡排序操作
int t;
for(int j=a.length-1;j>=1;j--)
{
    for(int k=0;k<j;k++)
    {
        if(a[k]>a[k+1])
        {
            t=a[k];
            a[k]=a[k+1];
            a[k+1]=t;
        }
    }
}

//输出排序后的数据序列
System.out.print("排序后的序列：");
for(int i=0;i<a.length;i++)
{
    System.out.print(a[i]+",");
}
System.out.println("\n");

//给定关键值，并进行对分查找
int key=8,flag=0,low=0,high=a.length-1,mid;
while(low<=high)
{
    mid=(low+high)/2;

    if(a[mid]==key)
    {
        flag=1;
        System.out.println("关键值"+key+"的位置是"+mid);
        break;
    }
    else if(a[mid]<key)
```

```
                {
                    low=mid+1;
                }
                else
                {
                    high=mid-1;
                }
            }

            if(flag==0)
            {
                System.out.println("在该数据序列中未找到数据"+key);
            }
        }
    }
```

程序执行结果如图 6-22 所示。

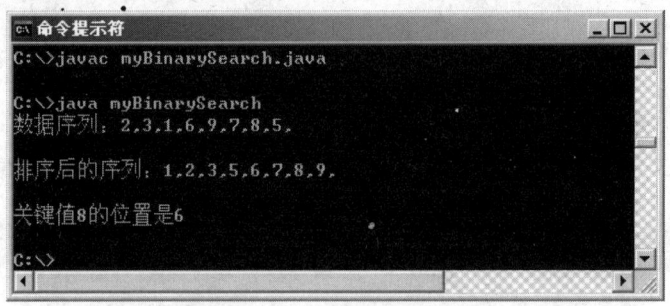

图 6-22　程序执行结果

<h1 align="center">习　题</h1>

1．向量与数组有什么不同？它适合在什么情况下使用？

2．什么是哈希表？哈希表有什么特征？

3．什么是链表？链表与数组有什么不同？

4．什么是堆栈？堆栈有什么特点？

5．什么是队列？队列有什么特点？

6．树形结构有什么特点？二叉树有几种遍历方式？每种遍历方式的算法是怎样的？

7．简述冒泡排序、选择排序和插入排序的算法。

8．简述顺序查找和对分查找的算法。

9．创建一个单链表，添加 6 个节点，其值是 Mike、Jack、Tom、Jim、Mike 和 Tom，要求统计出 Mike 出现的次数。

第 7 章　流与文件

使用任何语言编写程序时都经常会遇到输入/输出操作，Java 中的输入/输出操作是通过流来实现的。本章首先介绍流的概念、基本的输入/输出流，然后着重讲述常用的输入/输出流、标准输入/输出以及对文件的处理。

7.1　流的概念

Java 的输入和输出功能是借助 Java 输入/输出类库中的 io 包（即 java.io 包）来实现的，该包中定义了多个用来完成流式输入和输出的类。Java 中把不同类型的输入和输出源抽象地描述为"流"，用统一的接口来实现。输入流表示进入当前程序的数据序列，输出流表示当前程序向外部输出的数据序列。流有一个很重要的特点就是无论是输入还是输出，都是按照数据序列的顺序进行。

Java 中有两种流，一种是字节流，另一种是字符流。顾名思义，字节流是以字节为基本单位，而字符流是以字符为基本单位。它们分别由四个抽象类表示：InputStream（输入字节流）、OutputStream（输出字节流）、Reader（输入字符流）和 Writer（输出字符流）。如图 7-1 所示，Java 中其他多种变化的流都是由它们派生而来的。

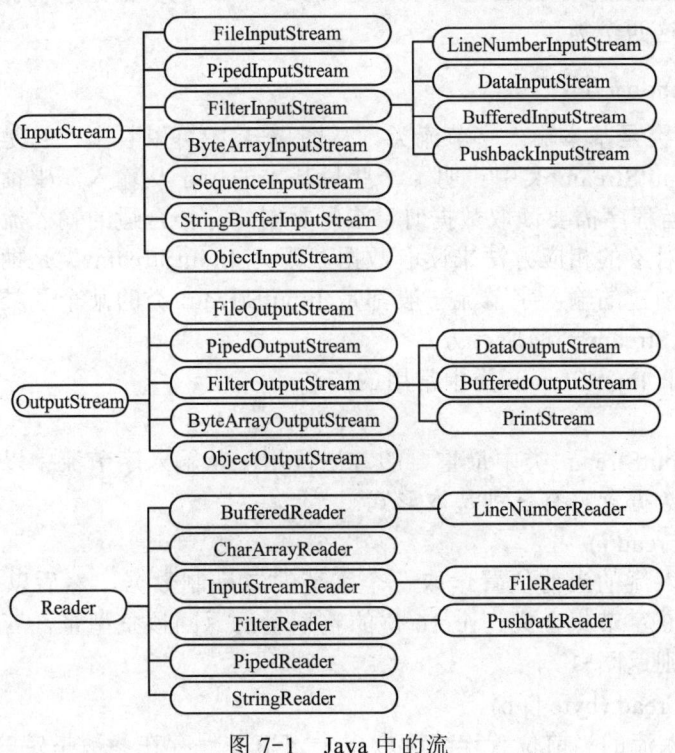

图 7-1　Java 中的流

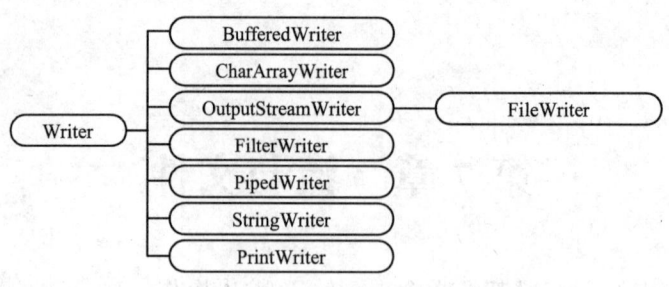

图 7-1　Java 中的流（续）

从图 7-1 中不难看出，凡是字节流均以 InputStream 或 OutputStream 结尾，而字符流均以 Reader 或 Writer 结尾。

流的输入/输出端可以是终端（键盘、显示器等）、文件、磁盘或内存的某个区域，也可以是另外一个流的对象。对于输入流，它的输入可以来自另外一个输入流的数据，它将前一个输入流的数据进行进一步的处理，提升输入功能，加强对输入数据的处理。对于输出流，它的输出可以作为另一个输出流的数据，其目的同样是为了提升输出功能。一般来讲，若几个流相互连接，则越靠近程序的流，其功能越适合程序的要求，越靠近输入/输出端的流，其功能就越适应输入/输出端的数据要求。与输入/输出端相连的流通常被称为节点流，而与另一个流相连的流通常被称为过滤流。

7.2　基本输入/输出流

在前面提到 java.io 包中定义了多个类来处理各种输入/输出流，其中 InputStream、OutputStream、Reader 和 Writer 这四个类是抽象类，其他类都是它们派生出的子类。下面就来介绍一下这四个类。

7.2.1　InputStream 类

InputStream 类是基本输入字节流类，从图 7-1 中可以看出，它是所有输入字节流类的父类。在 InputStream 类中声明了一些最基本的用于从输入流中读取数据的方法。在实际应用中，当程序需要读取数据时，首先要创建一个合适的输入流类对象来建立连接，然后调用该对象的相应方法来读取数据。因为 InputStream 类是抽象类，不能创建它的对象，所以创建的输入字节流一般都是 InputStream 类的某个子类的对象，它可以使用继承自 InputStream 类的所有方法。

下面介绍一下 InputStream 类中常用的方法。

（1）read()

该方法是 InputStream 类中最重要的方法，用于从输入字节流中以二进制的原始方式逐字节地读取数据，它有三种基本形式。

- public int read()

该方法从输入流的当前位置读取一个字节的二进制数据，然后以此数据为低位字节，配上一个全 0 字节组合成一个 16 位的整型量后返回该整型量，若输入流当前位置无数据可读取，则返回-1。

- public int read (byte [] b)

该方法从输入流的当前位置连续读取多个字节并保存在参数指定的字节数组 b 中，

同时返回所读取的字节数。若输入流当前位置无数据可读取，则返回-1。

• public int read (byte [] b,int begin,int length)

该方法从输入流的当前位置连续读取最多 length 个字节并保存在参数指定的字节数组 b 中从下标 begin 开始的位置，同时返回所读取的字节数。若输入流当前位置无数据可读取，则返回-1。

（2）public long skip (long n)

该方法使当前流的位置指针从当前位置向后跳 n 个字节，并返回实际跳过的字节数。

（3）public boolean markSupported ()

该方法用于判断流是否支持标记和复位操作。

（4）public void mark ()

该方法用于在流当前位置处作标记，以便 reset()方法使用。

（5）public void reset ()

该方法用于将位置指针移动到 mark()指定的标记处。

（6）public int available ()

该方法用于返回流中可读取的字节数。

（7）public void close ()

该方法用于关闭输入流，释放与该流连接的系统资源。

7.2.2　OutputStream 类

OutputStream 类是基本输出字节流类，它是所有输出字节流类的父类。与 InputStream 类似,在 OutputStream 类中也包含了一些最基本且常用的方法。OutputStream 类同样是抽象类，所以不能创建它的对象，创建的输出字节流一般都是 OutputStream 类的某个子类的对象，它可以使用继承自 OutputStream 类的所有方法。

下面介绍一下 OutputStream 类中常用的方法。

（1）write ()

该方法是 OutputStream 类中最重要的方法，用于向输出字节流中写入数据，它有三种基本形式。

• public void write (int b)

该方法用于将参数 b 的低位字节写入到输出流。

• public void write (byte [] b)

该方法用于将字节数组 b 中全部字节按顺序写入到输出流。

• public void write (byte [] b,int begin,int length)

该方法用于将字节数组 b 中从下标 begin 开始的 length 个字节按顺序写入到输出流。

（2）public void flush ()

该方法用于将缓冲区中的所有数据强制写入到输出流中。对于缓冲流式输出来说，write()方法所写的数据并未直接传到与输出流相连的外设上，而是先暂时存放在流的缓冲区中，等缓冲区中的数据积累到一定的数量后再统一执行一次向外设的写操作，以便降低对外设写的次数，提高效率。但有时缓冲区的数据不满时就需要向外设写数据，此时就可以调用 flush ()方法来实现。

（3）public void close ()

该方法用于关闭输出流，释放与该流连接的系统资源。

7.2.3　Reader 类

Reader 类与 InputStream 类较为相似，不同的是 Reader 类是面向字符的。Reader 类也是抽象类，它是所有输入字符流类的父类。

Reader 类的常用方法如下。

（1）read ()

该方法是 Reader 类中最重要的方法，它有以下三种基本形式。

- public int read()

该方法从输入字符流的当前位置读取一个字符后将其转换成相应的整型量并返回。若输入字符流当前位置无数据可读取，则返回-1。

- public int read(char [] c)

该方法从输入字符流的当前位置读取一串字符并存入字符数组 c 中，返回实际读取的字符数。若输入字符流当前位置无数据可读取，则返回-1。

- public int read(char [] c,int begin,int length)

该方法从输入字符流的当前位置读取最多 length 个字符并存入字符数组 c 中从下标 begin 开始的位置，同时返回实际读取的字符数。若输入字符流当前位置无数据可读取，则返回-1。

（2）public boolean ready ()

该方法用于判断输入字符流是否准备好，是则返回 true，否则返回 false。

（3）public long skip (long n)

该方法使当前流的位置指针从当前位置向后跳 n 个字符，并返回实际跳过的字符数。

（4）public boolean markSupported ()

该方法用于判断流是否支持标记和复位操作。

（5）public void mark(int readAheadLimit)

该方法用于在流当前位置处作标记，以便 reset()方法使用。参数 readAheadLimit 限定了字符数的上限，当从流中读取的字符数超过这个上限，将无法使用 reset()方法返回到这个标记处。有一点需要注意，并非所有输入字符流都支持标记功能。

（6）public void reset ()

该方法用于将位置指针移动到 mark()指定的标记处。

（7）public void close ()

该方法用于关闭输入流，释放与该流连接的系统资源。

7.2.4　Writer 类

Writer 类与 OutputStream 类较为相似，但 Writer 类是面向字符的。它也是抽象类，是所有输出字符流类的父类。

Writer 类的常用方法如下。

（1）write ()

该方法也是 Writer 类中最重要的方法，用于向输出字符流中写入数据，它有以下几种常见的基本形式。

* public void write (int b)

该方法用于将参数 b 的低十六位写入到输出流。

* public void write (char [] c)

该方法用于将字符数组 c 中全部字符按顺序写入到输出流。

* public void write (char [] c,int begin,int length)

该方法用于将字符数组 c 中从下标 begin 开始的 length 个字符按顺序写入到输出流。

* public void write (String s)

该方法用于将字符串 s 中的字符写入到输出流中。

* public void write (String s,int begin,int length)

该方法用于将字符串 s 中从下标 begin 开始的 length 个字符按顺序写入到输出流。

（2）public void flush ()

该方法用于刷新输出流缓冲区，并将缓冲区中的所有数据强制写入到输出流中。

（3）public void close ()

该方法用于关闭输出流，释放与该流连接的系统资源。

7.3 常用输入/输出流

java.io 包中的 InputStream、OutputStream、Reader 和 Writer 四个类都是抽象类，因此不可能使用它们来创建对象。在 Java 程序中，实际上使用的是它们的子类。根据不同类型的数据源及具体的输入输出任务，这四个抽象类派生出了如图 7-1 所示的多种输入输出流，这里简单介绍一些常用的流。

7.3.1 InputStream 的子类

InputStream 的子类在 InputStream 类的基础上，根据各自的特定应用而加强了某方面的功能。

1. 节点流

（1）ByteArrayInputStream

该类被称为字节数组输入流，其构造函数格式为：ByteArrayInputStream(byte[] b)。它的对象包含一个字节数组，在程序中可以使用它的 read()方法实现从 b 中按照数据流方式读取数据。

（2）FileInputStream

该类被称为文件输入字节流，在创建它的对象时打开一个文件，然后可以利用该类提供的方法进行文件的读数据操作。它提供了三个构造函数，格式分别如下。

* FileInputStream (String name)

创建从文件名为 name（包括路径名）的文件中读取数据的输入流。

* FileInputStream (File f)

创建从一个已经存在的 File 类对象所对应的文件中读取数据的输入流。

* FileInputStream (FileDescriptor obj)

创建从一个文件描述符为 obj 的对象所对应的文件中读取数据的输入流。

2．过滤流

FilterInputStream 类被称为过滤输入字节流，其构造函数格式为：FilterInputStream (InputStream in)。它的对象由一个输入字节流为其提供数据源，在实际编程中，经常使用的是它的两个子类：DataInputStream 和 BufferedInputStream。

（1）DataInputStream

该类被称为数据输入流，其构造函数格式为：DataInputStream (InputStream in)。它的作用是在数据源与程序之间增加一个过滤处理步骤，对原始数据作特定的处理。

例如：

```
FileInputStream f = new FileInputStream("hello.txt");
DataInputStream d = new DataInputStream(f);
```

在创建了一个 DataInputStream 类对象后，便可以利用该类提供的一些常用的方法对其进行各种操作，常用方法如下。

● public final int read(byte[] b) throws IOException

从所包含的输入流中读取一定数量的字节，并将它们存储到缓冲区数组 b 中。以整数形式返回实际读取的字节数。在输入数据可用、检测到文件末尾 (end of file) 或抛出异常之前，此方法将一直阻塞。如果因为已经到达流的末尾而没有更多的数据，则返回-1。

● public final int read(byte[] b,int off,int len) throws IOException

从所包含的输入流中将从下标 off 开始的 len 个字节读入一个字节数组中。最多读取 len 个字节，但可能读取较少的字节数，该字节数也可能为零。以整数形式返回实际读取的字节数。在输入数据可用、检测到文件末尾或抛出异常之前，此方法将阻塞。如果因为该流在文件末尾而无字节可用，则返回-1。

● public final void readFully(byte[] b) throws IOException

从当前输入流中读取 b.length 个字节到 byte 数组中。

● public final void readFully(byte[] b,int off,int len) throws IOException

从当前输入流中将从下标 off 开始的 len 个字节读入到 byte 数组中。

● public final int skipBytes(int n) throws IOException

跳过 n 个字节的数据。

● public final boolean readBoolean() throws IOException

从当前输入流中读取一个 boolean 型数据。

● public final byte readByte() throws IOException

从当前输入流中读取一个 byte 型数据。

● public final int readUnsignedByte() throws IOException

从当前输入流中读取一个无符号 8 位数据。

● public final short readShort() throws IOException

从当前输入流中读取一个 short 型数据。

● public final int readUnsignedShort() throws IOException

从当前输入流中读取一个无符号 16 位数据。

● public final char readChar() throws IOException

从当前输入流中读取一个 char 型数据。

- public final int readInt() throws IOException

从当前输入流中读取一个 int 型数据。

- public final long readLong() throws IOException

从当前输入流中读取一个 long 型数据。

- public final float readFloat() throws IOException

从当前输入流中读取一个 float 型数据。

- public final double readDouble() throws IOException

从当前输入流中读取一个 double 型数据。

- public final String readUTF() throws IOException

从当前输入流中读取一个 utf-8 字符串。

- public static final String readUTF(DataInput in) throws IOException

从流 in 中读取用 utf-8 修改版格式编码的 Unicode 字符格式的字符串，并且以 String 形式返回此字符串。

（2）BufferedInputStream

该类被称为缓冲输入字节流，作为另一种输入流，BufferedInputStream 添加了功能，即缓冲输入和支持 mark 和 reset 方法的能力。创建 BufferedInputStream 时即创建了一个内部缓冲区数组。读取或跳过流中的各字节时，必要时可根据所包含的输入流再次填充该内部缓冲区，一次填充多个字节。mark 操作记录输入流中的某个点，reset 操作导致在从所包含的输入流中获取新的字节前，再次读取自最后一次 mark 操作以来所读取的所有字节。它提供了两个构造函数，格式分别如下。

- BufferedInputStream (InputStream in)

创建 BufferedInputStream 并保存其参数，即输入流 in，以便将来使用。

- BufferedInputStream(InputStream in, int size)

创建具有指定缓冲区大小的 BufferedInputStream，并保存其参数，即输入流 in，以便将来使用。

7.3.2 OutputStream 的子类

1. 节点流

（1）ByteArrayOutputStream

该类被称为字节数组输出流，其构造函数格式为：ByteArrayOutputStream()。程序通过该类的对象将数据输出到一个无名的数组中，然后可以利用以下两种方法来获取其中的数据。

- Byte[] toByteArray()

该方法新建一个字节数组并将原无名数组中的数据复制进来。

- String toString()

该方法将原无名数组中的数据转换成字符串后返回。

（2）FileOutputStream

该类被称为文件输出字节流，它的输出端是一个文件。该类提供了四个构造函数，格式分别如下。

- FileOutputStream (String name)

创建从文件名为 name（包括路径名）的文件中读取数据的输出流。

- FileOutputStream (String name ,boolean append)

创建从文件名为 name（包括路径名）的文件中读取数据的输出流。参数 boolean 用来指定是覆盖原来的文件内容还是在尾部追加，默认为覆盖。

- FileOutputStream (File f)

创建从一个已经存在的 File 类对象所对应的文件中读取数据的输出流。

- FileOutputStream (FileDescriptor obj)

创建从一个文件描述符为 obj 的对象所对应的文件中读取数据的输出流。

2．过滤流

（1）FilterOutputStream

该类被称为过滤输出流，其构造函数格式为：FilterOutputStream (OutputStream out)。在实际编程中，经常使用的是它的两个子类：DataOutputStream 和 PrintStream。

（2）DataOutputStream

该类被称为数据输出流，其构造函数格式为：DataOutputStream (OutputStream out)。它将创建的数据输出流指向一个由 out 指定的输出流，并通过这个数据输出流将 Java 数据类型的数据写到输出流 out 中。

例如：

```
FileOutputStream f = new FileOutputStream("hellojava.dat");
DataOutputStream d = new DataOutputStream (f);
```

在创建了一个 DataOutputStream 类对象后，便可以利用该类提供的一些常用的方法对其进行各种操作，常用方法如下。

- public synchronized void write(int b) throws IOException

将指定字节写入基本输出流。

- public synchronized void write(byte b[],int off,int len) throws IOException

将指定的字节数组中从 off 开始的 len 个字节，写到基本输出流。

- public void flush() throws IOException

刷新当前数据输出流，这将迫使任一被缓冲输出的字节写入该流。

- public final void writeBoolean(boolean v) throws IOException

将 boolean 作为 1 字节值，写入该基本输出流。值 true 被输出为值(byte)1，值 false 被输出为(byte)0。

- public final void writeByte(int v) throws IOException

将 byte 作为 1 字节值，写入该基本输出流。

- public final void writeShort(int v) throws IOException

将 short 作为 2 字节值，写入该基本输出流，高字节优先。

- public final void writeChar(int v) throws IOException

将 char 作为 2 字节值，写入该基本输出流，高字节优先。

- public final void writeInt(int v) throws IOException

将 int 作为 4 字节值，写入该基本输出流，高字节优先。

- public final void writeLong(long v) throws IOException

将 long 作为 8 字节值，写入该基本输出流，高字节优先。

- public final void writeFloat(float v) throws IOException

使用类 Float 中 floatToIntBits 方法，将给定的单精度浮点数转换为 int 值，然后将它当做一个 4 字节数写入该基本输出流，高字节位优先。

- public final void writeDouble(double v) throws IOException

使用类 Double 中 doubleToLongBits 方法，将给定的双精度浮点数转换为 long 值，然后将它当做一个 8 字节数写入该基本输出流，高字节优先。

- public final void writeBytes(String s) throws IOException

将此串作为一个字节序列写入该基本输出流，依次输出该串的每个字符，丢掉高八位。

- public final void writeChars(String s) throws IOException

将此串作为一个字符序列写入该基本输出流。同 writeChar 方法一样把每个字符写到数据输出流。

- public final void writeUTF(String str) throws IOException

使用独立于机器的 UTF-8 编码格式，将一个串写入该基本输出流。

- public final int size()

返回写入当前数据输出流的字节数。

（3）PrintStream

该类被称为打印输出流，其构造函数格式为：PrintStream (OutputStream out)。它提供了多种数据输出方法，常用的方法如下。

- print(int i)

该方法输出一个整型数据。

- print(String s)

该方法输出一个字符串。

- println(int i)

该方法输出一个整型数据后回车。

- println(String s)

该方法输出一个字符串后回车。

7.3.3　Reader 的子类

Reader 类及其子类都是以字符为单位进行输入操作的。下面介绍几种常见的字符输入流类。

（1）CharArrayReader

该类被称为字符数组输入流，其构造函数格式为：CharArrayReader(char[] b)。它以一个字符数组作为数据源。

（2）StringReader

该类被称为字符串输入流，其构造函数格式为：StringReader(String s)。它以一个字符串作为数据源。

（3）InputStreamReader

该类的构造函数为：InputStreamReader(InputStream in)。它将从字节输入流中获取的数据转换成字符数据交给程序使用。

（4）BufferedReader

该类被称为缓冲字符输入流，其构造函数格式为：BufferedReader(Reader in)。它以一个 Reader 对象作为数据源并增加了缓冲功能，可读取字符、数组和行。

（5）FileReader

该类构造函数格式有三种：FileReader(String fileName)、FileReader(File file)和FileReader(FileDescriptor fd)。使用它可实现对字符文件的读取操作。

7.3.4 Writer 的子类

Writer 类及其子类同样是以字符为单位进行输出操作的。下面介绍几种常见的字符输出流类。

（1）CharArrayWriter

该类被称为字符数组输出流，其构造函数格式为：CharArrayWriter ()。它将字符流输出到一个无名的数组中。

（2）PrintWriter

该类的构造函数有两种：PrintWriter (OutputStream out)和 PrintWriter (Writer out)。它可以打印输出各种数据类型的数据，其目的地是一个 OutputStream 对象或 Writer 对象。该类中包含了多种 print()和 println()方法，分别对应不同数据类型的输出。

（3）OutputStreamWriter

该类的构造函数为：OutputStreamWriter(OutputStream out)。它将 OutputStream 对象中的字符数据转换成字节数据输出。

（4）BufferedWriter

该类被称为缓冲字符输出流，其构造函数格式为：BufferedWriter(Writer out)。它的目的地是一个 Writer 类对象，由于增加了缓冲功能，所以可写字符、数组和字符串。

（5）FileWriter

该类构造函数格式有四种：FileWriter(String fileName)、FileWriter(String filename, boolean append)、FileWriter(File file)和 FileWriter(FileDescriptor fd)。使用它可实现字符文件输出。

7.4 标准输入/输出

计算机系统通常都有默认的标准输入/输出设备，对于一般的系统而言，键盘和显示器通常是默认的标准输入/输出设备。Java 程序使用字符界面与系统标准输入/输出设备之间进行数据通信是非常常见的操作，为此而经常使用输入/输出流类来创建对象实现将很不方便。为了支持标准的输入/输出设备，Java 中定义了 System.in 和 System.out 这两个流对象来分别与标准的输入和输出相联系。System 是 Java 中的一个功能很强大的类，该类中所有的属性和方法都是静态的，所以使用时只需要以 System 作为前缀即可，不需要创建该类的对象。

System.in 是 InputStream 类的对象，当需要从键盘读取数据的时候，只需调用其中的 read()方法即可。需要注意的是：System.in 只能从键盘读取二进制数据，而不能将这些 bit 信息转换为整数、浮点数、字符、字符串等复杂的数据类型。如需要这样做，一般可以将 System.in 变换成 BufferedReader 对象，然后调用 BufferedReader 对象的

readLine()方法来实现从标准输入读取一行字符。

System.out 是字节打印输出流 PrintStream 类的对象,当需要向显示器输出数据的时候,只需调用其中的 print()方法或 println()方法即可。print()方法的作用是向屏幕输出其参数指定的变量或对象,println()方法的作用与 print()方法相似,只不过在输出结束后再回车换行,使光标停留在下一行的第一个字符的位置。

下面的程序演示了 System.in 和 System.out 的使用方式。

例 7-1　System.in 和 System.out 使用示例(myStandIO1.java)

```java
import java.io.*;
public class myStandIO1
{
    public static void main(String args[])
    {
        try
        {
            int a;

            //将 System.in 变换成 BufferedReader 对象
            BufferedReader br=new BufferedReader(
                new InputStreamReader(System.in));

            System.out.print("请输入一个正整数: ");

            a=Integer.parseInt(br.readLine());   //读取一行字符并转换成整型
            System.out.println();
            System.out.println("输出边长为"+a+"的等边三角形: ");
            for(int i=1;i<=a;i++)
            {
                for(int j=1;j<=a-i;j++)
                {
                    System.out.print(" ");
                }
                for(int k=1;k<=i;k++)
                {
                    System.out.print("* ");
                }
                System.out.println();
            }
        }
        catch(IOException e)
        {
            System.out.println(e);
        }
    }
}
```

程序执行结果如图 7-2 所示。

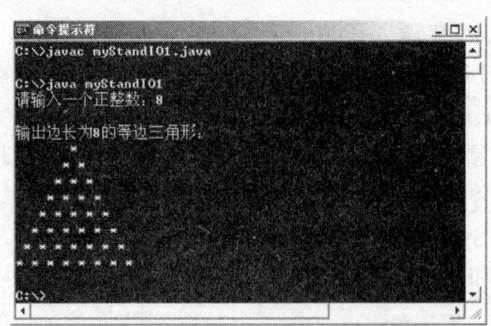

图 7-2　程序执行结果

7.5　文件处理

文件操作是计算机程序必备的功能。Java 不但支持文件管理，还支持目录管理。目录是管理文件的特殊机制，同类文件保存在同一个目录下可以简化文件管理，提高操作效率。java.io 包中提供了专门管理文件和目录的 File 类，它不负责数据的输入输出。每个 File 类的对象表示一个磁盘文件或目录，其中包含了文件或目录的名称、长度、所包含文件个数等相关信息。调用其中的相应方法即可完成对文件或目录的常用管理操作。

7.5.1　File 类

1. 创建 File 类对象

每个 File 类的对象都对应着一个磁盘文件或目录。File 类提供了如下三种不同的构造函数。

（1）public File (String path)

字符串参数 path 表示创建的文件名或目录名以及所在路径。例如：

File myfile1 = new File("Hello. txt");

该语句创建了一个 myfile1 对象，它表示当前目录下的 Hello. txt 文件。

File myfile2 = new File("test\\Hello. txt");

该语句创建了一个 myfile2 对象，它表示当前目录下 test 子目录中的 Hello. txt 文件。

File myfile3 = new File("d:\\test");

该语句创建了一个 myfile3 对象，它表示 D 盘根目录下的 test 目录。

（2）public File (String path,String name)

字符串参数 path 表示创建的文件或目录的路径，name 表示文件名或目录名。将路径与文件（或目录）名分开的优点是：相同路径的文件（或目录）可以共享同一个路径字符串，方便管理。例如：

File myfile1 = new File("d:\\test","Hello.txt");

该语句创建了一个 myfile1 对象，它的路径为 D 盘根目录下的 test 目录，文件名为 Hello.txt。

（3）public File (File dir,String name)

参数 dir 是利用一个已经存在的代表某个磁盘目录的 File 对象表示文件或目录的路径，name 表示文件名或目录名。例如：

File myfile1 = new File("d:\\test");
File myfile2 = new File(myfile1,"Hello.txt");

这里首先创建了一个 myfile1 对象,它表示 D 盘根目录下的 test 目录;然后又创建了一个 myfile2 对象,它利用 myfile1 对象表示路径,且文件名为 Hello.txt。

2.File 类中的常用方法

在创建了一个文件或目录后,便可以利用 File 类提供的一些常用的方法对其进行各种操作。

(1)public boolean exists()

该方法用来判断文件或目录是否存在,是则返回 true,否则返回 false。

(2)public boolean isFile()

该方法用来判断当前对象是否是一个文件,是则返回 true,否则返回 false。

(3)public boolean isDirectory()

该方法用来判断当前对象是否是一个有效的目录,是则返回 true,否则返回 false。

(4)public boolean canRead()

该方法用来判断当前对象是否是一个可读文件,是则返回 true,否则返回 false。

(5)public boolean canWrite()

该方法用来判断当前对象是否是一个可写文件,是则返回 true,否则返回 false。

(6)public boolean isAbsolute()

该方法用来判断当前对象是否是绝对路径,是则返回 true,否则返回 false。

(7)public boolean equals(File f)

该方法用来判断当前对象是否与 f 相同,是则返回 true,否则返回 false。

(8)public String getName()

该方法返回文件名或目录名(不包括路径)。

(9)public String getPath()

该方法返回文件或目录的路径名。

(10)public String getAbsolutePath()

该方法返回文件或目录的绝对路径名。

(11)public String getParent()

该方法返回文件的上一级路径名。

(12)public long length()

该方法返回文件的长度,单位为字节。

(13)public boolean renameTo(File newName)

该方法将当前文件名改名为 newName。

(14)public String[] list()

该方法返回文件或目录列表。

(15)public long lastModified()

该方法返回最近一次修改的时间。

(16)public void delete()

该方法用于删除当前文件或目录。

(17)public boolean mkdir()

该方法用于创建一个目录。

下面的程序演示了 File 类中的一些比较常见方法。在运行本程序前需要首先创建文件：C:\test\hello.txt。其中在 hello.txt 文件中事先输入了 8 个阿拉伯数字。

例 7-2 File 类示例（myFile.java）

```
import java.io.*;
public class myFile
{
    public static void main(String args[])
    {
        File f1=new File("c:\\test");
        File f2=new File(f1,"hello.txt");
        System.out.println();
        System.out.println(f2);
        System.out.println("文件是否存在？"+f2.exists());
        System.out.println("文件名："+f2.getName());
        System.out.println("文件长度："+f2.length());
        System.out.println("文件路径："+f2.getPath());
        System.out.println("上一级路径名："+f2.getParent());
        System.out.println("是否是一个文件？"+f2.isFile());
        System.out.println("是否是一个有效的目录？"+f2.isDirectory());
        System.out.println("是否可读？"+f2.canRead());
        System.out.println("是否可写？"+f2.canWrite());
        System.out.println("最近一次修改的时间："+f2.lastModified());
        System.out.println("绝对路径："+f2.getAbsolutePath());
        f2.delete();
        System.out.println("文件是否存在？"+f2.exists());
    }
}
```

程序执行结果如图 7-3 所示。

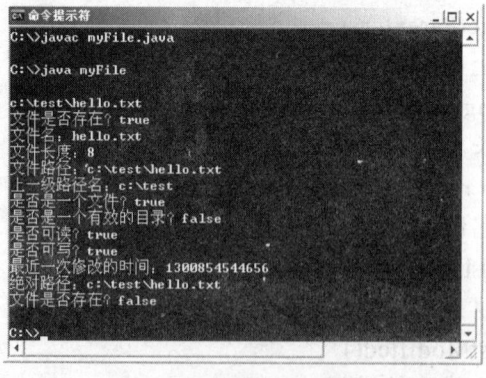

图 7-3 程序执行结果

7.5.2 RandomAccessFile 类

Java 中有一个功能强大，可实现对文件进行任何操作的类：RandomAccessFile 类。该类被称为随机访问文件流，它直接继承自 Object 类。

（1）创建 RandomAccessFile 类对象

RandomAccessFile 类有两种构造函数，分别如下。

- RandomAccessFile(String name,String mode)

利用文件名 name（包括路径名）创建 RandomAccessFile 类对象，并指定文件的操作模式 mode，mode 为 r 表示只读模式，mode 为 rw 表示读写模式。

- RandomAccessFile(File f,String mode)

利用一个已经存在的 File 类对象 f 来创建 RandomAccessFile 类对象，并指定文件的操作模式 mode，mode 为 r 表示只读模式，mode 为 rw 表示读写模式。

（2）RandomAccessFile 类中的方法

在 RandomAccessFile 类中提供了大量对文件进行读写操作的方法，主要方法如下。

- void close()

关闭随机访问文件流并释放系统资源。

- FileDescriptor getFD()

获取文件的描述。

- long getFilePointer()

获取文件指针的位置。

- long length()

获取文件的长度。

- int read()

从文件中读取一个字节。

- int read(byte[] b)

从文件中读取 b.length 个字节的数据并保存到数组 b 中。

- int read(byte[] b,int off,int len)

从文件中读取 len 个字节的数据并保存到数组 b 的指定位置中。

- boolean readBoolean()

从文件中读取一个 boolean 值。

- byte readbyte()

从文件读取一个字节。

- char readChar()

从文件读取一个字符。

- double readDouble()

从文件中读取一个 double 值。

- float readFloat()

从文件中读取一 float 值。

- void readFully(byte[] b)

从文件中的当前指针位置开始读取 b.length 个字节的数据到数组 b 中。

- void readFully(byte[] b,int off,int lne)

从文件中的当前指针位置开始读取 len 个字节的数据到数组 b 的数组指定位置中。

- int readInt()

从文件中读取一个 int 值。

Java 大学教程

- String readLine()

从文件中读取一个字符串。

- long readLong()

从文件中读取一个 long 值。

- short readShort()

从文件中读取一个 short 值。

- int readUnsignedByte()

从文件中读取一个无符号的八位数值。

- int readUnsignedShort()

从文件中读取一个无符号的十六位数值。

- String readUTF()

从文件中读取一个字符串。

- void seek(long pos)

指定文件指针在文件中的位置。

- void setLength(long newLength)

设置文件的长度。

- int skipBytes(int n)

在文件中跳过指定的字节数。

- void write(byte[] b)

向文件中写入一个字节数组。

- void write(byte[] b,int off,int len)

向文件中写入数组 b 中从 off 位置开始长度为 len 的字节数据。

- void write(int b)

向文件中写入一个 int 值。

- void writeBoolean(boolean v)

向文件中写入一个 boolean 值。

- void writeByte(int v)

向文件中写入一个字节。

- void writeByte(String s)

向文件中写入一个字符串。

- void writeChar(int v)

向文件中写入一个字符。

- void writeChars(String s)

向文件中写入一个作为字符数据的字符串。

- void writeDouble(double v)

向文件中写入一个 double 值。

- void writeFloat(float v)

向文件中写入一个 float 值。

- void writeInt(int v)

向文件中写入一个 int 值。

- void writeLong(long v)

向文件中写入一个 long 值。

- void writeShort(int v)

向文件中写入一个短型 int 值。

- void writeUTF(String str)

向文件中写入一个 UTF 字符串。

下面的程序演示了 RandomAccessFile 类中一些比较常见的方法。

例 7-3 RandomAccessFile 类示例（myRandomAccessFile.java）

```java
import java.io.*;
public class myRandomAccessFile
{
    public static void main(String args[])
    {
        String s;
        try
        {
            RandomAccessFile raf1=new RandomAccessFile("c:\\hello.txt","rw");
            raf1.writeBytes("Hello!\n");
            raf1.writeBytes("Welcome to Java World!\n");
            raf1.close();
            RandomAccessFile raf2=new RandomAccessFile("c:\\hello.txt","rw");
            raf2.seek(raf2.length());   //移动指针
            raf2.writeBytes("Nice to meet you!\n");
            raf2.close();
            RandomAccessFile raf3=new RandomAccessFile("c:\\hello.txt","rw");
            while((s=raf3.readLine())!=null)   //循环输出每行数据
            {
                System.out.println(s);
            }
            raf3.close();
        }
        catch(Exception e){}
    }
}
```

程序执行结果如图 7-4 所示。

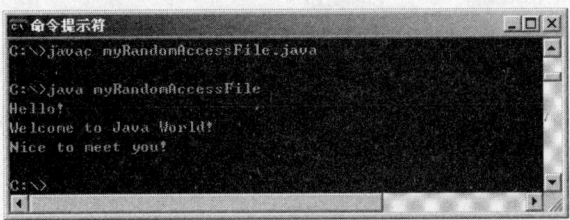

图 7-4 程序执行结果

在例 7-3 程序中，首先通过创建 RandomAccessFile 类对象 raf1 实现在 C 盘根目录下创建了一个 hello.txt 文件，然后对该文件进行了两次写操作和一次读操作。

习　题

1．什么是流？什么是字符流与字节流？

2．简述 InputStream 类、OutputStream 类、Reader 类和 Writer 类的特征。

3．RandomAccessFile 类与其他的输入输出类有什么不同？

4．编写程序实现将一组数据添加到一个文件的末尾。

5．编写程序用字节流方式接受用户从键盘输入英文短文，删除短文中特定的字符串，然后用字节流方式输出在屏幕上。

6．编写程序实现对一个文件的随机访问功能。

7．编写程序接受用户输入 5 个整数和一个文件名，并将这 5 个数据保存在该文件中。

第 8 章　　GUI 设计

本章将介绍 Java 中图形用户界面（GUI）的设计与实现。首先简要介绍 Java 中 GUI 设计的基本思想、Applet 小程序的基本执行原理和设计方法以及文字和图形的 GUI 设计，重点讲解各种类型组件的 GUI 设计以及 Java 中的事件处理机制。

8.1　GUI 设计概述

软件的用户界面是用户与计算机交互的接口，用户界面的设计是否合理、功能是否完善、使用是否方便，直接影响着用户对软件的使用。图形用户界面（Graphics User Interface，GUI）使用图形的方式，借助菜单、文本框、按钮等标准界面元素及鼠标操作，使用户能够方便地向计算机系统发出指令，启动操作，并将系统运行的结果同样以图形的方式显示给用户。由于图形用户界面操作简便、生动直观，用户使用时无须记忆各种命令，所以受到了广泛的欢迎和推广。如今，GUI 设计几乎已经成为所有应用软件的既成标准。

为了便于编程人员进行 GUI 设计，Java 提供了一个被称为抽象窗口工具集（Abstract Window ToolKit，AWT）的包和一个 Swing 包，编程人员可以方便地使用这两个包中的类来进行 GUI 设计。

AWT 是 Java 提供的用来建立和设置 Java 图形用户界面的基本工具。AWT 由 Java 中的 java.awt 包提供，其中包含了许多可用来建立与平台无关的图形用户界面的类，这些类又被称为组件（components）。由于 Java 是一种独立于平台的程序设计语言，但 GUI 却往往是依赖于特定平台的，Java 采用了相应的技术使得 AWT 能提供给应用程序独立于机器平台的接口，这保证了同一程序的 GUI 在不同机器上运行具有类似的外观（不一定完全一致）。

Java1.0 的 AWT（旧 AWT）和 Java1.1 以后的 AWT（新 AWT）有着很大的区别，新 AWT 克服了旧 AWT 的很多缺点，在设计上有较大改进，使用也更方便，这里主要介绍新 AWT，但在 Java1.1 及以后版本中旧 AWT 的程序也可运行。

AWT 可用于 Java 的 Applet 和 Application 程序中。它支持图形用户界面编程的功能包括：用户界面组件；事件处理模型；图形和图像工具，如形状、颜色和字体类；布局管理器，可以进行灵活的窗口布局而与特定窗口的尺寸和屏幕分辨率无关。

在第二版的 Java 开发包中，AWT 的器件很大程度上被 Swing 工具包替代。Swing 工具包中提供了更为丰富的类库来支持编程人员创建与平台无关的用户界面。

图形用户界面实质上就是由一系列嵌套的组件构成的，这些组件之间不但外观上有着包含、相邻、相交等物理关系，而且内在也有包含、调用等逻辑关系，使得它们可以相互合作、传递消息，共同组成一个能够响应特定事件、实现特定功能的图形操作界面。

设计和实现图形界面主要包括以下两点。

1）设计组件和布局，构成图形操作界面的物理外观。

2）设计响应事件，实现界面与用户的交互功能。

Java 中构成图形用户界面的各种元素和成分可以粗略地分成三类：容器、控制组件和用户自定义成分。

1. 容器

容器用来组织或容纳其他界面成分和元素。容器是 Java 中的类，它是 Component 的子类，所以容器类的对象本身也是一个组件。一个容器可以包含若干组件，并且它自身也可以作为一个组件放入其他容器中。一般来说，一个应用程序的图形用户界面首先对应于一个复杂的容器，例如一个窗口。该容器内包含若干界面成分和元素，而这些界面元素本身可能又是一个容器，该容器又进一步包含它的若干界面成分和元素，依此类推，这样就形成了一个复杂的图形界面系统。

引入容器后有利于分解图形用户界面的复杂性，在界面功能较多时，经常使用层层相套的容器。

2. 控制组件

控制组件是图形用户界面中最小的单位之一，它内部不再包含任何其他成分。常用的控制组件有单选按钮、复选按钮、下拉列表、文本框、文本区域、命令类按钮、菜单等。控制组件的作用是完成与用户的交互，例如，接受用户的命令、接受用户的文本或选择输入、向用户显示一段文字或图形，等等。

要使用控制组件，通常需要经过如下三个步骤。

1）创建相关控制组件类的对象，并指定相应的属性。

2）设置布局，根据设计需要，将该控制组件对象设置到某个容器中的指定位置。

3）根据需要为该控制组件对象设置事件监听者，并编写相应的监听程序，从而实现利用该组件对象与用户交互的功能。

3. 用户自定义成分

除了上述标准的图形界面元素以外，还可以根据需要设计一些用户自定义的界面成分，例如，使用一些图案、绘制一些几何图形或文字等。但这些用户自定义的界面成分仅仅只能起到装饰界面的作用，而不能实现交互功能。

8.2 Applet 小程序

Applet 是一种在 Web 浏览器上的小程序，编写 Applet 小程序需要用到 java.applet 包中的 Applet 类。下面将介绍 Applet 类及 Applet 小程序的编写方式。

8.2.1 Applet 小程序的工作原理

Java 是解释型语言，它的字节码程序需要专门的解释器来执行。对于 Application 程序来讲，这个解释器是一个独立的软件，如 JDK 中的 java.exe，而对于 Applet 程序来讲，充当解释器的是 Web 浏览器。

在执行 Applet 程序时，首先将编译好的字节码文件（即文件扩展名为 class 的文件）和嵌入了该字节码文件名的 HTML 文件保存在 Web 服务器上，当某一个 Web 浏览器向该服务器请求下载嵌入了 Applet 的 HTML 文件时，该文件从服务器上下载到客户端的浏览器上，由浏览器执行 HTML 文件中的各种标记并将结果显示在屏幕上。当浏览器遇到 HTML 文件中的 Applet 标记时，它会根据这个 Applet 的名字和位置自动将字节码文件从服务器上下载到本地，并在浏览器上解释执行。

与 Application 程序不同，Applet 程序所实现的功能并不是完整的，它需要与浏览器紧密结合才能构成一个完整的程序。例如，浏览器为 Applet 程序提供了主流程框架和图形界面，Applet 程序就不需要再建立它们。Applet 程序所需要处理的是浏览器发送来的消息和事件，并作出响应。

8.2.2　Applet 类

在 java.applet 包中有一个 Applet 类，它是一个重要的系统类。我们所编写的 Applet 小程序都是它的子类。Applet 类是 java.awt.Panel 的子类，Panel 类是一种容器，它的作用主要有两个：一是包容和排列其他界面元素，另一个就是响应它所容纳范围内的事件，或把事件向更高层次传递。Applet 类在 Panel 类基础上又增加了一些与浏览器和 Applet 生命周期相关的方法。

运行 Applet 小程序时，浏览器在下载字节码的同时，会自动创建一个用户 Applet 子类的对象，并在适当事件发生时自动调用该对象的几个主要方法。下面简单介绍一下这几个方法。

（1）init()方法

该方法用来完成主类对象的初始化工作，当 Applet 程序启动时系统自动调用该方法。用户程序可以重载父类的 init()方法，通过 init()方法可以完成加载图像和声音文件、设置各种参数以及图形或文字等初始化工作。

（2）start()方法

该方法用来启动浏览器运行 Applet 的主线程，Applet 运行 init()方法后会自动调用 start()方法。用户程序可以重载父类的 start()方法，在其中加入当前对象被激活时要实现的功能。start()方法在 Applet 被重新启动时也会被系统自动调用，这与 init()方法不同。

（3）paint()方法

该方法的主要用来在 Applet 界面显示图形、文字和其他界面元素。它同样是由浏览器自动调用，情况有以下三种。

1）浏览器首次运行 Applet 时，系统会自动调用 paint()方法来描绘自己的界面。

2）当包含 Applet 的浏览器窗口发生改变时（例如调整窗口大小或移动窗口），系统会自动调用 paint()方法来重新描绘自己的界面。

3）当 repaint()方法被调用时，系统将先调用 update()方法将 Applet 对象所占用的屏幕空间清空，然后调用 paint()方法来重新描绘自己的界面。

（4）stop()方法

该方法可以被认为是 start()方法的逆操作。当用户将浏览 Applet 程序所在的 Web 页面切换到其他页面时，浏览器会自动调用该方法终止运行当前的 Applet 程序，当用户重新回到 Applet 程序所在的 Web 页面时，浏览器会重新调用 start()方法。

（5）destroy()方法

当用户关闭 Applet 程序所在的 Web 页面时，浏览器会自动调用该方法来结束程序并释放所占据的资源。

上述的 init()、start()、stop()和 destroy()方法的执行过程正好构成了 Applet 程序的

生命周期，如图 8-1 所示。

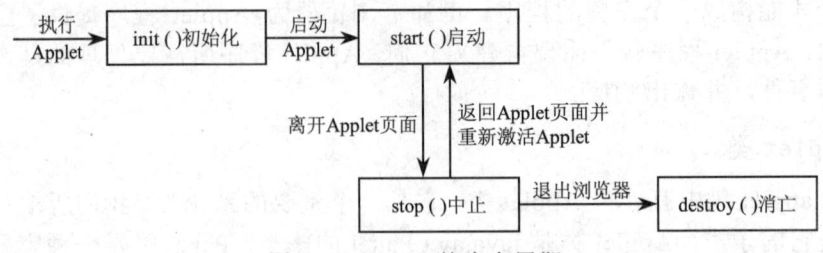

图 8-1　Applet 的生命周期

下面来看一个示例。

例 8-1　Applet 类中主要方法示例（myApplet.java）

```java
import java.applet.Applet;
import java.awt.*;
public class myApplet extends Applet
{   //定义 5 个计数器，分别用来统计各方法的执行次数
    int initCount;
    int startCount;
    int stopCount;
    int destroyCount;
    int paintCount;

    public myApplet()    //构造函数初始化各计数器
    {
        initCount=0;
        startCount=0;
        stopCount=0;
        destroyCount=0;
        paintCount=0;
    }

    public void init()    //重载 Applet 类的 init()方法
    {
        initCount++;
    }

    public void start()    //重载 Applet 类的 start()方法
    {
        startCount++;
    }

    public void stop()    //重载 Applet 类的 stop()方法
    {
        stopCount++;
    }
```

```
    public void destroy()    //重载 Applet 类的 destroy()方法
    {
        destroyCount++;
    }

    public void paint(Graphics g)    //重载 Applet 类的 paint()方法
    {
        paintCount++;
        g.drawString("init()方法执行了"+initCount+"次",30,30);
        g.drawString("start()方法执行了"+startCount+"次",30,70);
        g.drawString("stop()方法执行了"+stopCount+"次",30,110);
        g.drawString("destroy()方法执行了"+destroyCount+"次",30,150);
        g.drawString("paint()方法执行了"+paintCount+"次",30,190);
    }
}
```

程序初始执行结果如图 8-2 所示。

此时若调整窗口，例如将窗口最小化后再还原，则执行结果如图 8-3 所示。

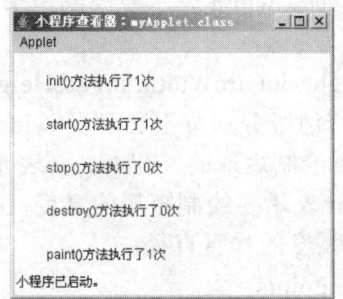

图 8-2　程序初始执行结果

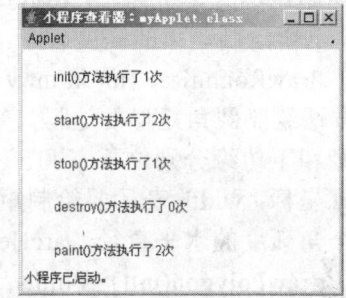

图 8-3　调整窗口后的执行结果

8.3 文字、图形 GUI 设计

前面提到在用户自定义成分中经常需要在界面上使用一些图案、绘制一些几何图形或文字等，以下介绍如何利用 Java 类库中的类及相应的方法来绘制用户自定义的图形界面成分。

绘制图形和文字需要用到一个名为 Graphics 的类，它是 java.awt 包中的一个类。Graphics 类中包含了很多用来绘制图形和文字的方法。当执行 Applet 程序时，浏览器会自动创建一个该类的对象，使用该对象中的方法就可以绘制各种图像和文字。当执行 Application 程序时，如果需要绘制图形，则需要创建一个 Canvas 类的对象并添加到该程序的图形界面容器中，Canvas 中也有一个 paint()方法，这个方法与 Applet 中的 paint()方法作用相同。

8.3.1 绘制图形与文字

Graphics 类中的方法可以绘制直线、矩形、多边形、椭圆等图形以及字符串，常用方法如下。

（1）drawLine(started x-point, started y-point, end x-point, end y-point)

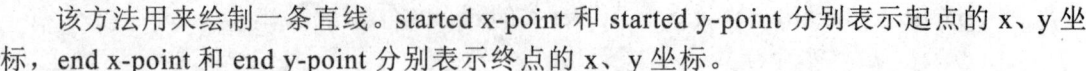

该方法用来绘制一条直线。started x-point 和 started y-point 分别表示起点的 x、y 坐标，end x-point 和 end y-point 分别表示终点的 x、y 坐标。

（2）drawArc(int x, int y, int width, int height, int startAngle, int arcAngle)

该方法用来绘制一个覆盖指定矩形的圆弧或椭圆弧边框。x 表示要绘制弧的左上角的 x 坐标，y 表示要绘制弧的左上角的 y 坐标，width 表示要绘制弧的宽度，height 表示要绘制弧的高度，startAngle 表示开始角度，arcAngle 表示相对于开始角度而言，弧跨越的角度。

（3）drawOval(int x, int y, int width, int height)

该方法绘制椭圆的边框。得到一个圆或椭圆，它刚好能放入由 x、y、width 和 height 参数指定的矩形中。其中，椭圆覆盖区域的宽度为 width+1 像素，高度为 height+1 像素。x 表示要绘制椭圆的左上角的 x 坐标。y 表示要绘制椭圆的左上角的 y 坐标。width 表示要绘制椭圆的宽度，height 表示要绘制椭圆的高度。

（4）drawRect(int x, int y, int width, int height)

该方法绘制指定矩形的边框。矩形的左边缘和右边缘分别位于 x 和 x+width。上边缘和下边缘分别位于 y 和 y+height。使用图形上下文的当前颜色绘制该矩形。其中，x 表示要绘制矩形的 x 坐标，y 表示要绘制矩形的 y 坐标，width 表示要绘制矩形的宽度，height 表示要绘制矩形的高度。

（5）drawRoundRect(int x, int y, int width, int height, int arcWidth, int arcHeight)

该方法绘制圆角矩形的边框。矩形的左边缘和右边缘分别位于 x 和 x+width。矩形的上边缘和下边缘分别位于 y 和 y+height。x 表示要绘制矩形的 x 坐标，y 表示要绘制矩形的 y 坐标，width 表示要绘制矩形的宽度，height 表示要绘制矩形的高度，arcWidth 表示 4 个角弧度的水平直径，arcHeight 表示 4 个角弧度的垂直直径。

（6）drawPolygon(int[] xPoints, int[] yPoints, int nPoints)

该方法绘制一个由 x 和 y 坐标数组定义的闭合多边形。每对（x，y）坐标定义一个点。其中，xPoints 表示 x 坐标数组，yPoints 表示 y 坐标数组，nPoints 表示点的总数。

以上方法除 drawLine() 以外，将其他方法名中的 "draw" 改为 "fill" 即可绘制相应的实心图形。

Graphics 类中的其他方法可参见 http://doc.java.sun.com/DocWeb/api/java.awt.Graphics。下面通过一个示例来演示一些常用的方法。

例 8-2 绘制图形示例（myGraphics.java）

```
import java.awt.*;
import java.applet.Applet;
public class myGraphics extends Applet
{
    public void paint(Graphics g)
    {
        g.drawLine(10,10, 20, 30);              //绘制直线
        g.drawRect(10,10, 20, 30);              //绘制矩形框
        g.drawRoundRect(50,80,20,30,5,5);       //绘制圆角矩形框
        g.drawOval(150,50,60,20);               //绘制椭圆框
        g.fillArc(10,10,100,100,45,45);         //绘制实心弧形
```

```
        g.fillOval(10,50,20,20);              //绘制实心圆
        g.fillRect(10,80,20,30);              //绘制实心矩形
        g.fillRoundRect(50,80,20,30,5,5);     //绘制实心圆角矩形

        int[] x={20,100,70,110,130};          //保存多边形各点 x 坐标
        int[] y={120,130,120,160,180};        //保存多边形各点 y 坐标
        g.drawPolygon(x,y,5);                 //绘制多边形框
        g.drawString("绘制图形",100,200);
    }
}
```

程序初始执行结果如图 8-4 所示。

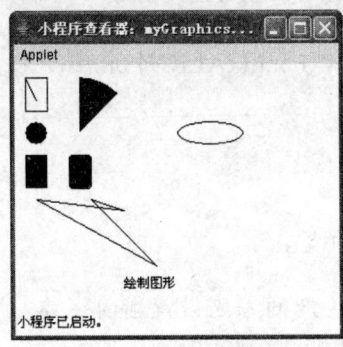

图 8-4　程序初始执行结果

8.3.2　Font 类

例 8-2 中利用 Graphics 类中的 drawString()方法在屏幕的指定位置上输出了一行文字。这里并没有设置字体，如果需要设置字体，则可以利用 Java 中的 Font 类来实现。Font 类的构造函数格式如下。

Font(String fontname,int style,int size);

其中，fontname 表示字型名称，如黑体、宋体、楷体、Times New Roman、Arial等；style 表示字体样式，如粗体、斜体等；size 表示字体大小。

创建好一个 Font 类的对象后，可以使用 Graphics 类中的 setFont()方法将该对象所表示的字体设置为当前字体。setFont()方法的格式为：setFont(Font f)。

另外，Font 类中还有包括一些常用的成员方法。利用它们可以方便地获取字体、字型等信息。常用的方法如下。

（1）public static Font decode(String s)

该方法使用传递进来的名称获得指定的字体。

（2）public string getFamily()

该方法获得指定平台的字体名。

（3）public string getName()

该方法获得字体名称。

（4）public int getStyle()

该方法获得字体样式。

（5）public int getSize()

该方法获得字体大小。

（6）public string toString()

该方法将当前对象转换成为一个字符串。

下面来看一个具体的示例。

例 8-3　Font 类示例（myFont.java）

```java
import java.awt.*;
import java.applet.Applet;
public class myFont extends Applet
{    //分别创建四个 Font 类的对象
    Font f1=new Font("Times New Roman",Font.BOLD,18);
    Font f2=new Font("Arial",Font.ITALIC,20);
    Font f3=new Font("黑体",Font.ITALIC+Font.BOLD,22);
    Font f4=new Font("宋体",Font.ITALIC+Font.BOLD,18);

    int style,size;
    String style_s,name_s;

    public void paint(Graphics g)
    {
        g.setFont(f1);    //以 f1 对象来设置当前字体
        g.drawString("Hello!Java World!",10,20);
        g.setFont(f2);    //以 f2 对象来设置当前字体
        g.drawString("Hello!Java World!",10,50);
        g.setFont(f3);    //以 f3 对象来设置当前字体
        g.drawString("Hello!Java World!",10,80);

        g.setFont(f4);    //以 f4 对象来设置当前字体
        style=f1.getStyle();
        size=f1.getSize();
        g.drawString("f1 对象字体为："+getStyleString(style)+",
                大小为："+size,10,110);
        style=f2.getStyle();
        size=f2.getSize();
        g.drawString("f2 对象字体为："+getStyleString(style)+",
                大小为："+size,10,140);
        style=f3.getStyle();
        size=f3.getSize();
        g.drawString("f3 对象字体为："+getStyleString(style)+",
                大小为："+size,10,170);
    }

    String getStyleString(int sty)
    {
        if(sty==Font.BOLD)
            style_s="加粗";
```

```
        else if(sty==Font.ITALIC)
            style_s="倾斜";
        else
            style_s="倾斜并加粗";
        return style_s;
    }
}
```

程序初始执行结果如图 8-5 所示。

8.3.3　Color 类

在 java.awt 包中有一个 Color 类，可以利用该类的对象来控制字符串或图形的颜色。Color 类中定义了三种构造函数，具体如下。

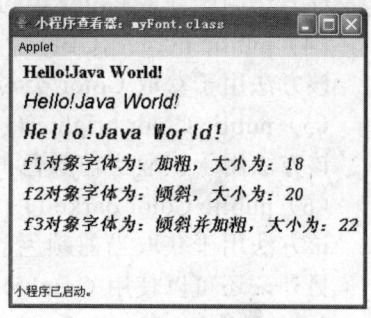

图 8-5　程序初始执行结果

（1）public Color(int r,int g,int b)

该构造函数使用 0 到 255 范围内的整数来指定红（r）、绿（g）、蓝（b）三种颜色的比例来创建一个 Color 对象。

（2）public Color(float r,float g,float b)

该构造函数使用 0.0 到 1.0 范围内的浮点数来指定红（r）、绿（g）、蓝（b）三种颜色的比例来创建一个 Color 对象。

（3）public Color(int rgb)

该构造函数使用指定的组合 RGB 值来创建一个 Color 对象。其中，参数 rgb 的 0 到 7 位（范围为 0 到 255）代表红色的比例，8 到 15 位代表绿色的比例，16 到 23 位代表蓝色的比例。

用户除了可以使用构造函数创建自己的颜色外，还可以使用 Color 类中已定义好的 13 种静态颜色常量，具体如表 8-1 所示。

表 8-1　Color 类中的静态颜色常量

常　　量	颜　　色	RGB 值
red	红	255，0，0
green	绿	0，255，0
blue	蓝	0，0，255
black	黑	0，0，0
white	白	255，255，255
yellow	黄	255，255，0
orange	橙	255，200，0
cyan	青蓝	0，255，255
magenta	洋红	255，0，255
pink	粉红	255，175，175
gray	灰	128，128，128
lightGray	浅灰	192，192，192
darkGray	深灰	64，64，64

Color 类中还有包括一些常用的成员方法，例如：

（1）public int getRed()

该方法用于获取 Color 类对象的红色值。

（2）public int getGreen()

该方法用于获取 Color 类对象的绿色值。

（3）public int getBlue()

该方法用于获取 Color 类对象的蓝色值。

（4）public int getRGB()

该方法用于获取 Color 类对象的 RGB 值。

（5）public Color brighter()

该方法用于获取当前颜色的更亮版本。

（6）public Color darker()

该方法用于获取当前颜色的更暗版本。

另外，还可以使用 Graphics 类中的相关方法来设置或获取颜色，具体如下。

（1）setColor(new Color(int r,int g,int b))

设置当前颜色。

（2）setColor(Color c)

以一个已经存在的 Color 类对象来设置当前颜色。

（3）getColor()

获取当前的颜色。

下面以一个具体的示例来进行演示。

例 8-4　Color 类示例（MyColor.java）

```java
import java.awt.*;
import java.applet.Applet;
public class myColor extends Applet
{
    Color c1=new Color(255,0,0);   //红色
    Color c2=new Color(0,0,255);   //蓝色

    public void paint(Graphics g)
    {
        g.setColor(c1);
        g.drawString("Hello!Java World!",10,20);
        g.drawString("字符串的红色值为："+c1.getRed(),10,130);
        g.drawString("字符串颜色的 RGB 为："+g.getColor().toString(),10,150);
        g.setColor(c2);
        g.fillRect(10,80,20,30);   //绘制实心矩形
        g.drawString("矩形颜色的 RGB 为："+g.getColor().toString(),10,170);
        g.setColor(Color.lightGray);   //将当前的前景色设为灰色
        g.fillOval(10,50,20,20);        //绘制实心圆
        g.drawString("圆颜色的 RGB 为："+g.getColor().toString(),10,190);
```

```
        g.setColor(new Color(0,0,0));         //将当前的前景色设为黑色
        g.fillRoundRect(50,80,20,30,5,5);    //绘制实心圆角矩形
        g.drawString("圆角矩形颜色的 RGB 为："+g.getColor().toString(),10,210);
    }
}
```

程序执行结果如图 8-6 所示。

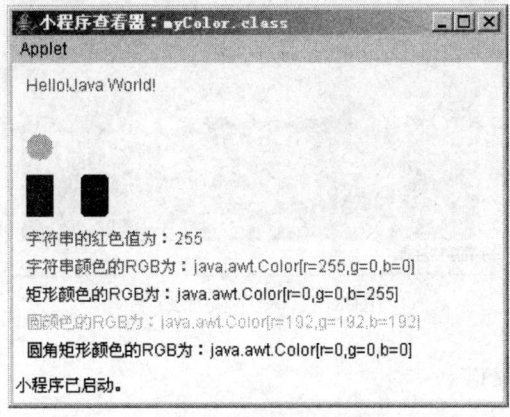

图 8-6　程序执行结果

8.3.4　图像的显示

除了在图形界面上绘制图形和文字以外，经常还需要在界面上显示各种图像，如 BMP、GIF、JPG 等格式的图片。Graphics 类中提供了一个 drawImage()方法，该方法用于显示图像。下面先来看一个示例。

例 8-5　图像显示（mymage.java）

```
import java.awt.*;
import java.applet.Applet;
public class myImage extends Applet
{
    Image img;    //创建 Image 类的对象
    public void init()
    {
        img=getImage(getDocumentBase(),"test.jpg");    //获取与 HTML 文件同一
                                                        //路径下的 test.jpg 图像
                                                        //并返回给 img

    }
    public void paint(Graphics g)
    {
        g.drawString("图像显示",10,20);
        g.drawImage(img,10,30,360,200,this);    //显示图像，其中参数 10 和 50
                                                //分别表示图像显示的 x 和 y 坐
                                                //标，360 和 200 分别表示图像
                                                //显示的宽度和高度，this 表示当
                                                //前 Applet 对象
```

```
        }
}
```

程序执行结果如图 8-7 所示。

图 8-7   程序执行结果

8.4   常用组件 GUI 设计

前面所介绍的绘制图形、文字以及显示图像只是装饰、美化用户界面，它们无法接受用户发出的指令，不能实现与用户的交互。若要实现与用户的交互，就需要用到组件和事件处理机制。

8.4.1   组件概述

在 Java 中，Component 类是一个抽象类，它是所有容器和控制组件的父类。Component 类规定了 GUI 组件的基本特性，该类中所定义的方法体现了作为一个 GUI 组件所具有的基本功能，其中比较常用的有以下几种。

（1）public void add(PopupMenu pop)

该方法在组件上添加一个弹出菜单。

（2）public void setBackground(Color c)

该方法设置组件的背景色。

（3）public Color getBackground()

该方法获取组件的背景色。

（4）public void setFont(Font f)

该方法设置组件的字体。

（5）public Font getFont()

该方法获取组件的字体。

（6）public void setForeground(Color c)

该方法设置组件的前景色。

（7）public Color getForeground()

该方法获取组件的前景色。

（8）public Graphics getGraphics()

该方法获取在组件上绘图时要使用的 Graphics 类的对象。

（9）public void repaint(int x,int y,int width,int height)

该方法以（x，y)表示的坐标点为左上角，重新绘制宽度为 width，高度为 height 的区域。

（10）public void setEnabled(boolean b)

该方法设置组件是否能够被使用。

（11）public boolean isEnabled()

该方法用来判断组件是否能够被使用。

（12）public void setSize(int width,int height)

该方法设置组件的大小。

（13）public Dimension getSize()

该方法获取组件的大小。

（14）public void setVisible(boolean b)

该方法设置组件是否可见。

（15）public boolean getVisible()

该方法用来判断组件是否可见。

（16）public void requestFocus()

该方法使组件获取焦点。

（17）public void setBounds(Rectangle r)或 public void setBounds(int x1,inty1,int x2, int y2)

该方法设置组件的边界。

（18）public Rectangle getBounds()

该方法获取组件的边界。

（19）public void setCursor(Cursor c)

该方法设置组件的光标。

（20）public Cursor getCursor()

该方法获取组件的光标。

（21）public void setDropTarget(DropTarget d)

该方法设置组件的拖放目标。

（22）public DropTarget getDropTarget()

该方法获取组件的拖放目标。

（23）public void setName(String s)

该方法设置组件的名称。

（24）public String getName()

该方法获取组件的名称。

（25）public void setLocation(Point p)或 public void setLocation(int x,int y)

该方法设置组件的位置。

（26）public Point getLocation()或 public Point getLocationOnScreen()

该方法获取组件的位置。

在 java.awt 包中包含了许多组件，它们是构成图形界面事件源的各种元素，具体如表 8-2 所示。

表 8-2　java.awt 包中的组件

组　件	说　明
Label	标签
Button	按钮
TextField	文本框
TextArea	文本区域
Checkbox	复选框
CheckboxMenuItem	复选框菜单项组
Choice	下拉式列表框
List	列表框
Menu	菜单
MenuItem	菜单项
Scrollbar	滚动条
ScrollPane	带水平和垂直滚动条的容器
Container	容器
Panel	基本无边框容器类
Dialog	对话框
Frame	基本的 GUI 窗口
Canvas	绘图面板
Window	抽象的 GUI 窗口，无布局管理器
Component	抽象的组件类

8.4.2　事件处理机制

　　所谓事件处理，简单地讲就是当用户在图形界面上进行各种操作（例如移动鼠标、点击界面上特定的元素等）时，系统要能够接受用户所发出的各种指令，并作出相应的反应，从而实现与用户的交互。通常要预先定义好每一个相应的键盘、鼠标操作或者系统状态的改变会触发一个什么样的事件，用户程序需要编写代码定义每个事件被触发时应该作出何种响应。这些代码会在相应的事件被触发时由系统自动调用。在 java.awt.event 包中包含了许多用来处理事件的类与接口。

　　下面介绍一些事件处理的基本概念。

　　1）事件：是对用户操作的描述。例如，在文本框中输入文本或单击界面上特定的按钮等。

　　2）事件源：是能够接受外部事件的载体，一般就是各个组件。例如，按钮、文本框等。

　　3）监听器：是接收事件对象并对其进行处理的对象。它用于对事件源进行监听，以便对事件源上所发生的事件作出响应。

　　下面来看一个简单的示例。

　　例 8-6　事件处理（myEvent.java）

```
import java.awt.*;
import java.awt.event.*;
import java.applet.Applet;
public class myEvent extends Applet implements ActionListener
{      //创建组件对象，即事件源
    Label lab1,lab2;   //标签
```

```
    TextField tex;        //文本框
    Button but;           //按钮

    public void init()
    {
        lab1=new Label("请输入你的姓名：");
        lab2=new Label("Hello!Welcome to Java World!");
        tex=new TextField(8);
        but=new Button("确定");
        add(lab1);
        add(tex);
        add(but);
        add(lab2);
        but.addActionListener(this);      //向按钮注册了监听器
    }

    public void actionPerformed(ActionEvent e)   //单击按钮后触发的事件处理方法
    {
        lab2.setText(tex.getText()+"，欢迎来到 Java 世界！");
    }
}
```

程序初始运行结果如图 8-8 所示。

在文本框中输入"张三"并单击"确定"按钮后，运行结果如图 8-9 所示。

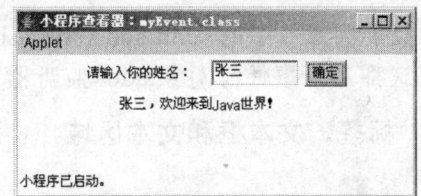

图 8-8　程序初始运行结果　　　　　　图 8-9　程序最终运行结果

由于在程序中向"确定"按钮注册了监听器，所以在单击该按钮时，系统会自动调用执行 actionPerformed() 方法中的代码。

Java 中有多种类型的事件及相应的监听器接口，具体如表 8-3 所示。

表 8-3　Java 中各种类型的事件及相应的监听器接口

事件类型	产生原因	相应的监听器接口	事件处理的接口方法
ActionEvent	激活了组件	ActionListener	actionPerformed(ActionEvent e)
ItemEvent	改变了选中项	ItemListener	itemStateChanged(ItemEvent e)
MouseEvent	单击鼠标	MouseListener	mouseClicked(MouseEvent e)
	鼠标光标进入一个组件		mouseEntered(MouseEvent e)
	鼠标光标离开一个组件		mouseExited(MouseEvent e)
	按下鼠标键		mousePressed(MouseEvent e)
	放开鼠标键		mouseReleased(MouseEvent e)
	鼠标移动	MouseMotionListener	mouseMoved(MouseEvent e)
	鼠标拖动		mouseDragged(MouseEvent e)

事件类型	产生原因	相应的监听器接口	事件处理的接口方法
KeyEvent	键被按下	KeyListener	keyPressed(KeyEvent e)
	键被释放		keyReleased (KeyEvent e)
	键已被敲完		keyTyped (KeyEvent e)
FocusEvent	组件获得焦点	FocusListener	focusGained(FocusEvent e)
	组件失去焦点		focusLost(FocusEvent e)
AdjustmentEvent	滚动条滑块位置改变	AdjustmentListener	adjustmentValueChanged(AdjustmentEvent e)
TextEvent	文本框、文本区域内容改变	TextListener	textValueChanged(TextEvent e)
ComponentEvent	组件隐藏	ComponentListener	componentHidden(ComponentEvent e)
	组件移动		componentMoved(ComponentEvent e)
	组件改变大小		componentResized(ComponentEvent e)
	组件显示		componentShown(ComponentEvent e)
WindowEvent	打开了窗口	WindowListener	windowOpened(WindowEvent e)
	调用 dispose()方法关闭了窗口		windowClosed(WindowEvent e)
	利用窗口关闭框关闭了窗口		windowClosing(WindowEvent e)
	激活了窗口		windowActivated(WindowEvent e)
	当前窗口变成了非活动窗口		windowDeactivated(WindowEvent e)
	窗口变成了最小化图标		windowIconified(WindowEvent e)
	窗口从最小化恢复了		windowDeiconified(WindowEvent e)
ContainerEvent	容器内加入了组件	ContainerListener	componentAdded(ContainerEvent e)
	容器中移走了组件		componentRemoved(ContainerEvent e)

类似于例 8-6 中的"but.addActionListener(this);",以上所有的事件注册给监听器的方法格式都是：事件源对象.add<监听器接口名>（监听器）。

8.4.3 标签、文本框和文本区域

1．标签

标签（Label）用于显示一行文本，用户只能查看其中的内容，不能修改，它只起到信息说明的作用。java.awt 包中的 Label 类是专门用来创建标签的，每一个 Label 类的对象就是一个标签。标签不能接受用户的输入，所以不会引发事件。

Label 类提供了三种构造函数来创建标签对象。

（1）Label()

创建一个空的标签，它不显示任何内容。

（2）Label(String s)

创建一个显示内容为 s 的标签。

（3）Label(String s,int alignment)

创建一个显示内容为 s 的标签，并且对齐方式为 alignment 的值。

除构造函数外，Label 类还提供了其他一些常用方法。

（1）setText(String s)

该方法将当前标签对象的文本设置为 s。

（2）getText()

该方法获取当前标签对象上的文本内容。

（3）setAlignment(int alignment)

该方法设置当前标签对象的对齐方式。

（4）getAlignment()

该方法获取当前标签对象的对齐方式。

2．文本框

文本框（TextField）是 Java 中用来处理文本的组件，Java.awt 包中的 TextField 类是专门用来创建文本框的，每一个 TextField 类的对象就是一个文本框。

TextField 类提供了三种构造函数来创建文本框对象。

（1）TextField()

创建一个文本框对象，且该文本框的长度为一个字符。

（2）TextField(int len)

创建一个文本框对象，且该文本框的长度为 len 个字符。

（3）TextField(String s,int len)

创建一个文本框对象，且该文本框的初始字符串为 s，长度为 len 个字符。

除构造函数外，TextField 类还提供了其他一些常用方法。

（1）setText(String s)

该方法将当前文本框对象中的文本设置为 s。

（2）getText()

该方法获取当前文本框对象上的文本内容。

（3）setEchoChar(Char c)

该方法设置文本框的回显字符为 c。

（4）getEchoChar()

该方法返回当前文本框的屏蔽字符。若返回 0，则表示文本框没有设置回显字符。

（5）setEditable(Boolean b)

该方法设置文本框是否可编辑，默认可编辑。

（6）isEditable()

该方法用来判断当前文本框是否可编辑。

3．文本区域

与文本框类似，文本区域（TextArea）也是用来处理文本的组件，只不过文本框是用来处理单行文本的，而文本区域是用来处理多行文本的。java.awt 包中的 TextArea 类是专门用来创建文本区域的，每一个 TextArea 类的对象就是一个文本区域。

TextArea 类提供了五种构造函数来创建文本区域对象。

（1）TextArea()

创建一个文本区域对象，其行数和列数取默认值。

（2）TextArea(int rows,int columns)

创建一个文本区域对象，其行数为 rows，列数为 columns。

（3）TextArea(String s)

创建一个文本区域对象，初始字符串为 s。

（4）TextArea(String s,int rows,int columns)

创建一个文本区域对象，初始字符串为 s，且行数为 rows，列数为 columns。

（5）TextArea(String s,int rows,int columns,int scrollbar)

创建一个文本区域对象，初始字符串为 s，行数为 rows，列数为 columns，根据 scrollbar 的值确定滚动条的类型。其中，scrollbar 的取值可以是：SCROLLBARS_BOTH（水平、垂直都有）、SCROLLBARS_HORIZONTAL_ONLY（只有水平）、SCROLLBARS_VERTICAL_ONLY（只有垂直）和 SCROLLBARS_NONE（无滚动条）。

除构造函数外，TextArea 类还提供了其他一些常用方法。

（1）setText(String s)

该方法将当前文本区域对象中的文本设置为 s。

（2）getText()

该方法获取当前文本区域对象上的文本内容。

（3）append(String s)

将字符串 s 添加到当前已有文本的后面。

（4）insert(String s,int x)

该方法将字符串 s 插入到已有文本的指定位置。

（5）setEditable(Boolean b)

该方法设置文本区域是否可编辑，默认可编辑。

（6）isEditable()

该方法用来判断当前文本区域是否可编辑。

（7）setCarePosition(int x)

该方法设置文本区域中活动光标的位置。

（8）getCarePosition()

该方法获取文本区域中活动光标的位置。

4．事件响应

文本框和文本区域都产生文本事件（TextEvent），这是一个代表文本框或文本区域中的文本发生改变的事件。当对文本进行修改操作时会引发该事件。

另外，TextField 类还产生 ActionEvent 事件，当用户在文本框中按下回车键时将会引发该事件。

当需要响应以上两类事件时，必须注册事件监听器，例如：

```
TextField tf=new TextField(8);
tf.addTextListener(this);
tf.addActionListener(this);
```

响应这两种事件的方法如下：

```
public void textValueChanged(TextEvent e);
public void actionPerformed(ActionEvent e);
```

下面来看一个简单的示例程序。

例 8-7　标签、文本框与文本区域应用示例（myText.java）

```
import java.awt.*;
import java.awt.event.*;
import java.applet.Applet;
//实现 ActionListener 和 TextListener 两个接口
```

```
public class myText extends Applet implements ActionListener,TextListener
{
    Label lab;        //创建标签对象
    TextField tf;     //创建文本框对象
    TextArea ta;      //创建文本区域对象

    public void init()
    {
        lab=new Label("请输入你的姓名：");
        tf=new TextField(18);
        ta=new TextArea(6,38);
        add(lab);
        add(tf);
        add(ta);
        tf.addActionListener(this);    //向文本框对象注册动作监听器
        tf.addTextListener(this);        //向文本框对象注册文本监听器
    }

    //处理动作事件的方法
    public void actionPerformed(ActionEvent e)
    {
        ta.setText(tf.getText()+"，欢迎来到 Java 世界！");
    }

    //处理文本改变事件的方法
    public void textValueChanged(TextEvent e)
    {
        ta.setText("你输入的是："+tf.getText());
    }
}
```

程序运行时，在文本框中输入"张三"，结果如图 8-10 所示。

当按下回车键后，程序运行结果如图 8-11 所示。

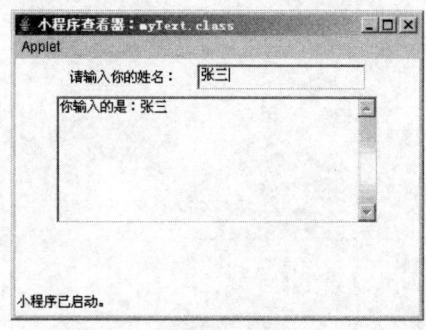

图 8-10　程序运行结果（1）

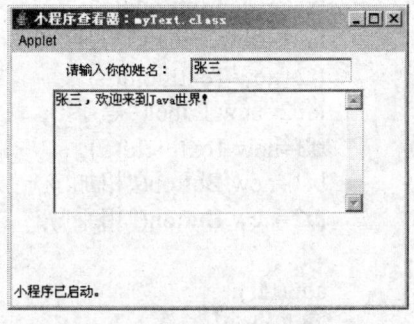

图 8-11　程序运行结果（2）

8.4.4　按钮

按钮（Button）是图形用户界面中常用的组件，它一般对应着一个事先定义好的功能，当用户单击它时，系统自动调用执行实现该功能的程序。java.awt 包中的 Button 类是专门用来创建按钮的。

Button 类提供了两种构造函数来创建文本区域对象。

（1）Button()

创建一个无标签的按钮。

（2）Button(String s)

创建一个标签内容为 s 的按钮。

除构造函数外，Button 类还提供了两种常用的方法。

（1）setLabel(String s)

该方法将按钮上标签的文本设置为 s。

（2）getLabel()

该方法获取当前按钮上的标签内容。

Button 类只产生 ActionEvent 事件，当用户单击按钮时将会引发该事件。当需要响应该事件时，必须注册事件监听器，例如：

```
Button bt=new Button("确定");
bt.addActionListener(this);
```

响应该事件的方法也是 actionPerformed()方法。

下面来看一个简单的示例。

例 8-8 按钮应用示例（myButton.java）

```
import java.awt.*;
import java.awt.event.*;
import java.applet.Applet;
public class myButton extends Applet implements ActionListener
{
    Label lab1,lab2;
    TextField tf1,tf2,tf3;
    Button bt1,bt2;     //创建两个按钮

    public void init()
    {
        tf1=new TextField(5);
        lab1=new Label("与");
        tf2=new TextField(5);
        lab2=new Label("等于");
        tf3=new TextField(5);
        bt1=new Button("相加");
        bt2=new Button("相乘");

        add(tf1);
        add(lab1);
        add(tf2);
        add(bt1);
        add(bt2);
```

```
            add(lab2);
            add(tf3);

            bt1.addActionListener(this);
            bt2.addActionListener(this);
        }

        public void actionPerformed(ActionEvent e)    //处理动作事件的方法
        {
            double n1,n2;
            //如果事件源是 bt1，则在 tf 中显示 tf1 和 tf2 中两数值相加的结果，
            //否则显示相乘的结果
            if(e.getSource()==bt1)
            {
                n1=Double.valueOf(tf1.getText()).doubleValue();
                n2=Double.valueOf(tf2.getText()).doubleValue();
                tf3.setText(String.valueOf(n1+n2));
            }
            else
            {
                n1=Double.valueOf(tf1.getText()).doubleValue();
                n2=Double.valueOf(tf2.getText()).doubleValue();
                tf3.setText(String.valueOf(n1*n2));
            }
        }
    }
```

程序运行时，在前两个文本框中分别输入"3"和"5"，单击"相加"按钮，结果如图 8-12 所示。单击"相乘"按钮，结果如图 8-13 所示。

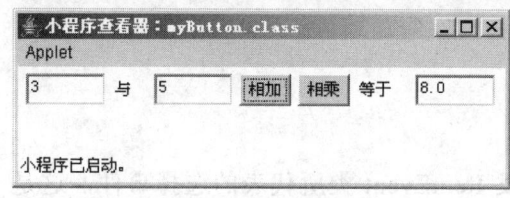

图 8-12 程序运行结果（1）　　　　　图 8-13 程序运行结果（2）

8.4.5 复选框、单选按钮组

1. 复选框与单选按钮组

复选框（Checkbox）是一种能够实现多重选择的组件。在 java.awt 包中，它对应的类是 Checkbox。单选按钮组是一些 Checkbox 类对象的集合，将复选框用 CheckboxGroup 类的对象进行分组即变成单选按钮组，组中每个 Checkbox 对象表示其中的一种选择。

Checkbox 类提供了四种构造函数来创建文本区域对象。

（1）Checkbox()

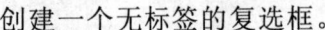

创建一个无标签的复选框。

（2）Checkbox(String s)

创建一个标签内容为 s 的复选框。

（3）Checkbox(String s,boolean b)

创建一个标签内容为 s 的复选框，并指定它的状态是否被选中。

（4）Checkbox(String s, CheckboxGroup g,boolean b)

创建一个标签内容为 s 的复选框，并将它加入 g 组变成单选按钮，同时指定它的状态是否被选中。

除构造函数外，Checkbox 类还提供了一些常用的方法。

（1）setCheckboxGroup(CheckboxGroup g)

该方法将复选框加入组 g。

（2）getCheckboxGroup()

该方法获取复选框所在的组。

（3）setLabel(String s)

该方法将复选框的标签设置为 s。

（4）getLabel()

该方法获取复选框的标签内容。

（5）setState(boolean b)

该方法用来设置复选框的状态是否被选中。

（6）insert(String s,int index)

该方法在下标为 index 处设置文本 s。

（7）CheckboxGroup()

这是一个构造函数，用来创建一个单选框组。

（8）setSelectedCheckbox(Checkbox c)

该方法将指定单选按钮 c 设置为被选中。

（9）getSelectedCheckbox()

该方法获取当前被选中的单选按钮。

2．事件响应

当复选框的选中状态发生改变时，会引发 ItemEvent 类所代表的选择事件，这是一个代表选择项的选中状态发生改变的事件。

ItemEvent 类中主要方法如下。

（1）public ItemSelectable getItemSelectable()

该方法返回引发选中状态发生变化事件的事件源。

（2）public Object getItem()

该方法返回引发选中状态发生变化事件的具体选项。

（3）public int getStateChange()

该方法返回具体的选中状态变化类型。

处理 ItemEvent 类型事件的接口是 ItemListener，当需要响应这类事件时，同样必须注册事件监听器，例如：

```
Checkbox cb=new Checkbox("张三");
cb.addItemListener(this);
```

响应该事件的方法如下：

```
public void itemStateChanged(ItemEvent e);
```

下面来看一个简单的示例。

例 8-9 复选框与单选按钮组应用示例（myCheckbox.java）

```java
import java.awt.*;
import java.awt.event.*;
import java.applet.Applet;
public class myCheckbox extends Applet implements ItemListener
{
    Checkbox cb1,cb2,cb3,cb4;      //创建四个 Checkbox 对象
    CheckboxGroup cg;              //创建 Checkboxgroup 对象
    TextField tf1,tf2;

    public void init()
    {
        cb1=new Checkbox("张三");
        cb2=new Checkbox("李四");

        cg=new CheckboxGroup();
        cb3=new Checkbox("汽车",true,cg);      //加入 cg 变成单选按钮
        cb4=new Checkbox("飞机",false,cg);

        tf1=new TextField(28);
        tf2=new TextField(28);

        add(cb1);
        add(cb2);
        add(tf1);
        add(cb3);
        add(cb4);
        add(tf2);

        cb1.addItemListener(this);    //向 Checkbox 对象注册监听器
        cb2.addItemListener(this);
        cb3.addItemListener(this);
        cb4.addItemListener(this);
    }

    public void itemStateChanged(ItemEvent e)      //处理事件
    {
        Checkbox t;
        t=(Checkbox)(e.getSource());
        if(e.getItemSelectable()==cb1||e.getItemSelectable()==cb2)
```

```
            {
                tf1.setText(tf1.getText()+" "+t.getLabel());
            }
            else
            {
                tf2.setText(t.getLabel());
            }
        }
    }
```

程序运行结果如图 8-14 所示。

8.4.6 下拉列表、列表框

1. 下拉列表

下拉列表（Choice）是一种具有弹出式
选择菜单的列表框。在没有对其进行操作时，
下拉列表中的选项收缩起来，只显示第一项

图 8-14　程序运行结果

或被选中的一项。当用鼠标单击下拉列表右边的向下三角按钮时，下拉列表被打开，其
中所有选项都被显示出来，此时可以用鼠标选择其中任意一项。在 java.awt 包中，Choice
类是专门用来创建下拉列表的。

Choice 类提供了一种构造函数来创建下拉列表对象，例如：

Choice name = new Choice();

这里创建了一个名为 name 的 Choice 对象，接下来需要为该对象添加选项。例如：

name.add("张三");
name.add("李四");

Choice 类中定义了一些常用的方法：

（1）selected(String item)

该方法将选项中名为 item 的选项设为选中状态。

（2）selected(int index)

该方法将选项中索引为 index 的选项设为选中状态。

（3）getSelectedIndex()

该方法返回被选中的选项的索引序号。

（4）getSelectedItem()

该方法返回被选中的选项的标签文本字符串。

（5）add(String item)

该方法将新选项 item 添加到当前下拉列表的最后。

（6）insert(String item,int index)

该方法将新选项 item 插入到当前下拉列表的 index 索引处。

（7）remove(int index)

该方法删除下拉列表 index 索引处的选项。

（8）remove(String item)

该方法删除下拉列表中第一个名称为 item 的选项。

（9）removeAll()

该方法删除下拉列表中所有的选项。

2．列表框

与下拉列表不同，列表框（List）将所有选项列在一个区域内，不仅可以单选，还可以实现多选。在 java.awt 包中，List 类是专门用来创建列表框的。

List 类的构造函数有三种：

（1）List()

创建一个空列表框。

（2）List(int rows)

创建一个 rows 行的空列表框。

（3）List(int rows,boolean multipleMode)

创建一个 rows 行的空列表框，且当 multipleMode 为 true 时，支持多选，否则仅支持单选，默认为 false。

与 Choice 类相似，List 类在创建对象后也需要为该对象添加选项。例如：

```
List lis=new List(8,true);
Lis.add("张三");
Lis.add("李四");
```

这里首先创建了一个 8 行且支持多选的列表框对象 lis，然后为其添加了两个列表选项。

List 类中还提供了一些其他常用方法。

（1）add(String item)

该方法将新选项 item 添加到当前列表框的最后。

（2）addItem(String item,int index)

该方法将新选项 item 添加到列表框的 index 索引处。

（3）delItem(int index)

该方法将列表框 index 索引处的选项删除。

（4）select(int index)

该方法选中索引号为 index 处的选项。

（5）deselect(int index)

该方法取消选中列表框中 index 索引处的选项。

（6）getItem(int index)

该方法获取列表框中 index 索引处的选项内容。

（7）getItems()

该方法获取列表框中所有的选项内容。

（8）getItemCount()

该方法获取列表框中选项的数目。

（9）getSelectedIndex()

该方法获取列表框中被选中选项的索引号，当有多项被选中或无任何选项被选中时返回-1。

（10）getSelectedIndexs()

该方法适用与多选的情况，它返回一个整型数组，数组中存放所有被选中选项的索引号。

（11）getSelectedItem()

该方法获取列表框中被选中选项的内容，当有多项被选中或无任何选项被选中时返回 null。

（12）getSelectedItems()

该方法适用与多选的情况，它返回一个 String 类型的数组，数组中存放所有被选中选项的内容。

（13）replaceItem(String item,int index)

该方法将索引号为 index 处的选项换成 item。

（14）setMultipleMode(boolean b)

该方法用来设置是否允许多重选择，b 为 true 表示允许，否则表示不允许。

（15）remove(int index)

该方法删除列表框中 index 索引处的选项。

（16）remove(String item)

该方法删除列表框中第一个名称为 item 的选项。

（17）removeAll()

该方法删除列表框中所有的选项。

3．事件响应

下拉列表可以产生 ItemEvent 事件，当用户单击下拉列表的某个选项时，会产生该事件。而列表框可以产生 ItemEvent 和 ActionEvent 两种类型的事件，当用户单击选中列表中某个选项时，将产生 ItemEvent 事件，当用户双击列表中某个选项时，将产生 ActionEvent 事件。

处理 ItemEvent 事件和 ActionEvent 事件的方式前面已经介绍过，这里不再重复介绍。下面通过具体的示例程序来进一步加深印象。

例 8-10　下拉列表应用示例（myChoice.java）

```java
import java.awt.*;
import java.awt.event.*;
import java.applet.Applet;
public class myChoice extends Applet implements ItemListener
{
    Choice ch;   //创建 Choice 对象 ch
    TextField tf;

    public void init()
    {
        ch=new Choice();
        ch.add("张三");   //向 ch 中添加选项
        ch.add("李四");
        ch.add("王五");
        tf=new TextField(28);
```

```
        add(ch);
        add(tf);
        ch.addItemListener(this);    //向 ch 注册监听器
    }

    public void itemStateChanged(ItemEvent e)   //处理事件
    {
        Choice t;
        t=(Choice)(e.getItemSelectable());
        tf.setText("你选择了"+t.getSelectedItem());
    }
}
```

程序运行结果如图 8-15 所示。

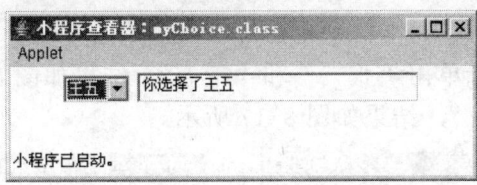

图 8-15 程序运行结果

例 8-11 列表框应用示例（myList.java）

```
import java.awt.*;
import java.awt.event.*;
import java.applet.Applet;
public class myList extends Applet implements ItemListener,ActionListener
{
    List li;   //创建 List 对象 li
    TextField tf;

    public void init()
    {
        li=new List(3,true);
        li.add("张三");    //向 li 中添加选项
        li.add("李四");
        li.add("王五");
        tf=new TextField(28);
        add(li);
        add(tf);
        li.addItemListener(this);                //向 li 注册两种类型的监听器
        li.addActionListener(this);
    }

    public void itemStateChanged(ItemEvent e)   //处理选择事件
    {
        List t;
```

```
            t=(List)(e.getItemSelectable());
            String[] names=t.getSelectedItems();        //获取所有被选中的项
            String s="";
            for(int i=0;i<names.length;i++)
            {
                 s+=" "+names[i];
            }
            tf.setText(s);
        }

        public void actionPerformed(ActionEvent e)     //处理动作事件
        {
            li.remove(li.getSelectedItem());                   //删除被双击的选项
        }
    }
```

程序运行后，用鼠标单击"张三"和"王五"，结果如图 8-16 所示。

若用鼠标双击"张三"，结果如图 8-17 所示。

图 8-16　程序运行结果（1）

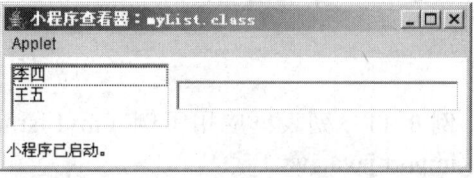

图 8-17　程序运行结果（2）

8.4.7　鼠标事件与键盘事件

1．鼠标事件

当用户使用鼠标在图形用户界面上进行交互操作时，会产生鼠标事件（MouseEvent）。MouseEvent 类中主要的方法如下。

（1）public int getX()

该方法返回发生鼠标事件的 X 坐标。

（2）public int getY()

该方法返回发生鼠标事件的 Y 坐标。

（3）public Point getPoint()

该方法返回 Point 对象，其中包含鼠标事件发生的坐标点。

（4）public int getClickCount()

该方法返回鼠标单击事件的单击次数。

处理这类事件的接口是 MouseListener 和 MouseMotionListener。其中，MouseListener 接口主要针对鼠标位置和按键操作，而 MouseMotionListener 接口主要针对鼠标的移动与拖动操作。

MouseListener 中的主要方法如下。

（1）public void mouseClicked(MouseEvent e)

该方法用来响应鼠标单击事件。

（2）public void mouseEntered(MouseEvent e)

该方法用来响应鼠标进入事件。

（3）public void mouseExited(MouseEvent e)

该方法用来响应鼠标离开事件。

（4）public void mousePressed(MouseEvent e)

该方法用来响应鼠标按下事件。

（5）public void mouseReleased(MouseEvent e)

该方法用来响应鼠标释放事件。

MouseMotionListener 中的主要方法如下。

（1）public void mouseMoved(MouseEvent e)

该方法用来响应鼠标移动事件。

（2）public void mouseDragged(MouseEvent e)

该方法用来响应鼠标拖动事件。

下面通过具体的示例来进一步加深印象。

例 8-12　鼠标事件示例（myMouseEvent.java）

```java
import java.applet.*;
import java.awt.*;
import java.awt.event.*;
public class myMouseEvent extends Applet
        implements MouseListener,MouseMotionListener
{
    Label la;
    public void init()
    {
        la=new Label("你的鼠标在图形用户界面之外！");
        add(la);
        this.addMouseListener(this);
        this.addMouseMotionListener(this);
    }

    public void mouseEntered(MouseEvent e)
    {
        la.setText("你的鼠标进入了界面！");
    }

    public void mouseExited(MouseEvent e)
    {
        la.setText("你的鼠标离开了界面！");
    }

    public void mouseClicked(MouseEvent e)
    {
        if(e.getClickCount()==1)
```

```java
        {
            la.setText("你单击了鼠标！");
        }
        else if(e.getClickCount()==2)
        {
            la.setText("你双击了鼠标！");
        }
    }

    public void mousePressed(MouseEvent e)
    {
        la.setText("你按下了鼠标！");
    }

    public void mouseReleased(MouseEvent e)
    {
        la.setText("你释放了鼠标！");
    }

    public void mouseMoved(MouseEvent e)
    {
        la.setText("鼠标当前位置：（"+e.getX()+"，"+e.getY()+"）");
    }

    public void mouseDragged(MouseEvent e)
    {
        la.setText("你拖动了鼠标！");
    }
}
```

程序运行后，当鼠标移动到图形用户界面的某个位置时，结果如图 8-18 所示。

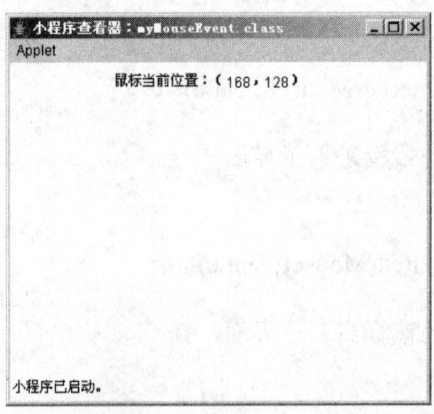

图 8-18 程序运行结果

2．键盘事件

当用户使用键盘进行交互操作时，会产生键盘事件（KeyEvent）。KeyEvent 类中主

168

要的方法有 public char getKeyChar()，该方法返回引发键盘事件的按键对应的 Unicode 字符。若该按键没有 Unicode 字符与之对应，则返回 KeyEvent 类的一个静态常量 KeyEvent.CHAR-UNDEFINED。

处理键盘事件的接口是 KeyListener，在该接口中定义了如下三种方法。

（1）public void keyPressed(KeyEvent e)

该方法用来响应键盘按键被按下的事件。

（2）public void keyReleased(KeyEvent e)

该方法用来响应键盘按键被释放的事件。

（3）public void keyTyped(KeyEvent e)

该方法用来响应键盘按键被敲击的事件。

下面通过具体的示例来进一步加深印象。

例 8-13　键盘事件示例（myKeyEvent.java）

```java
import java.applet.*;
import java.awt.*;
import java.awt.event.*;
public class myKeyEvent extends Applet implements KeyListener
{
    TextField tf;
    Label la;
    public void init()
    {
        tf=new TextField(18);
        la=new Label("Hello!Welcome to Java World!");
        add(tf);
        add(la);
        tf.addKeyListener(this);
    }

    public void keyPressed(KeyEvent e)
    {
        la.setText("你按下了按键"+e.getKeyChar()+"！");
    }

    public void keyReleased(KeyEvent e)
    {
        if(e.getKeyChar()=='y')
        {
            la.setText("你表示肯定！");
        }
        else if(e.getKeyChar()=='n')
        {
            la.setText("你表示否定！");
        }
    }
}
```

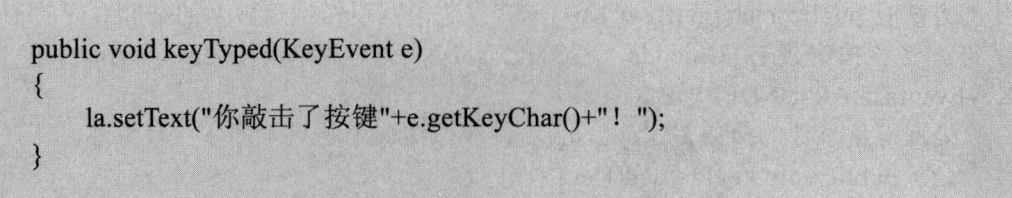

```
    public void keyTyped(KeyEvent e)
    {
        la.setText("你敲击了按键"+e.getKeyChar()+"！ ");
    }
}
```

程序运行后，在键盘上按下"Y"并放开后，结果如图 8-19 所示。

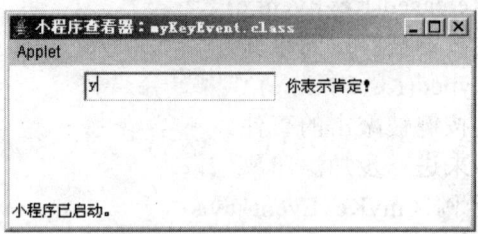

图 8-19　程序运行结果

8.5　容器

前面提到过容器的概念，它是用来组织其基本元素和其他界面成分的单元。容器组件的共同父类 Container 是一个抽象类，它由 Component 类派生而来，其中包含了所有容器组件都具有的一些方法，常用的方法如下。

（1）setLayout()

该方法用来设置容器的布局管理器（布局管理器将在 8.6 节介绍）。

（2）add()

该方法的作用是将组件（包括基本组件和另一个容器组件）加入到当前容器中，并为每个加入容器的组件根据其加入的先后顺序设置一个序号。

（3）getComponent(int index)

该方法用来获取序号为 index 的组件。

（4）getComponent(int x,int y)

该方法用来获取坐标为（x，y）处的组件。

（5）remove(Component c)

该方法将组件 c 从容器中移去。

（6）remove(int index)

该方法将序号为 index 的组件从容器中移去。

（7）removeAll()

该方法将容器中所有的组件全部移去。

Container 可以引发 ContainerEvent 类所代表的容器事件，ContainerEvent 类中主要方法如下。

（1）public Container getContainer()

该方法返回引发容器事件的容器。

（2）public Component getChild()

该方法返回引发容器事件时被加入或移去的组件。

处理 ContainerEvent 类型事件的接口是 ContainerListener，在该接口中定义了如下两种方法。

（1）public void componentAdded(ContainerEvent e)

该方法用来响应向容器中加入组件的事件。

（2）public void componentRemoved(ContainerEvent e)

该方法用来响应从容器中移去组件的事件。

8.5.1　Panel 类

Panel 是 Container 的一个子类，它又派生出了 Applet 类。Panel 属于无边框容器，所以程序中不能使用它作为最外层图形界面的容器,它只能作为一个容器组件加入到其他容器中（如 Applet、Frame 等）。Panel 类可以容纳其他组件，在程序中经常用于层次化管理图形界面的各个组件，方便布局操作。Panel 默认的布局管理器是 FlowLayout，如果需要改变布局管理器可以使用 setLayout()方法来实现。

下面来看一个示例程序。

例 8-14　Panel 示例（myPanel.java）

```
import java.applet.*;
import java.awt.*;
import java.awt.event.*;
public class myPanel extends Applet implements ContainerListener,ActionListener
{
    Button bt1,bt2,bt3,bt4;
    Panel pa,pa1,pa2,pa3;
    public void init()
    {
        bt1=new Button("删除 Panel1");
        bt2=new Button("删除 Panel2");
        bt3=new Button("删除 Panel3");
        bt4=new Button("在 Panel2 中加入 Panel3");
        pa=new Panel();
        pa1=new Panel();
        pa2=new Panel();
        pa3=new Panel();

        pa1.add(bt1);
        pa2.add(bt2);
        pa3.add(bt3);
        pa2.add(pa3);
        pa.add(pa1);
        pa.add(pa2);
        pa.add(bt4);
        add(pa);

        pa1.setBackground(Color.red);
        pa2.setBackground(Color.green);
```

```
        pa3.setBackground(Color.blue);

        bt1.addActionListener(this);
        bt2.addActionListener(this);
        bt3.addActionListener(this);
        bt4.addActionListener(this);
        pa.addContainerListener(this);
        pa1.addContainerListener(this);
        pa2.addContainerListener(this);
        pa3.addContainerListener(this);
    }

    public void actionPerformed(ActionEvent e)
    {
        if(e.getSource()==bt1)
        {
            pa.remove(pa1);
        }
        else if(e.getSource()==bt2)
        {
            pa.remove(pa2);
        }
        else if(e.getSource()==bt3)
        {
            pa2.remove(pa3);
        }
        else if(e.getSource()==bt4)
        {
            pa2.add(pa3);
        }
    }

    public void componentRemoved(ContainerEvent e)
    {
        if(e.getChild()==pa1)
        {
            showStatus("Panel1 被移去");
        }
        else if(e.getChild()==pa2)
        {
            showStatus("Panel2 被移去");
        }
        else if(e.getChild()==pa3)
        {
```

```
        showStatus("Panel3 被移去");
        }
    }

    public void componentAdded(ContainerEvent e)
    {
        if(e.getContainer()==pa2)
        {
            showStatus("在 Panel2 中加入了 Panel3");
        }
    }
}
```

程序初始运行结果如图 8-20 所示。

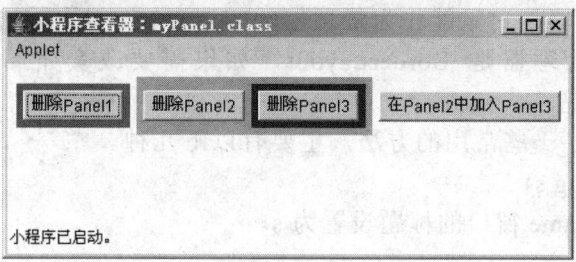

图 8-20　程序初始运行结果

当单击"删除 Panel3"按钮后，结果如图 8-21 所示。

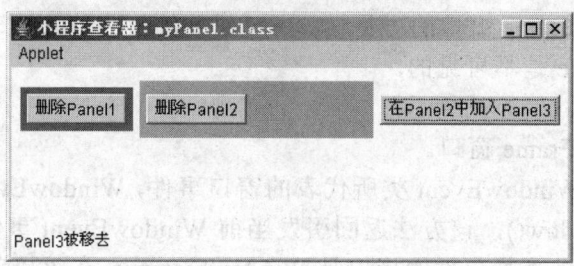

图 8-21　程序运行结果（1）

此时再分别单击"删除 Panel1"和"在 Panel2 中加入 Panel3"按钮，结果如图 8-22 所示。

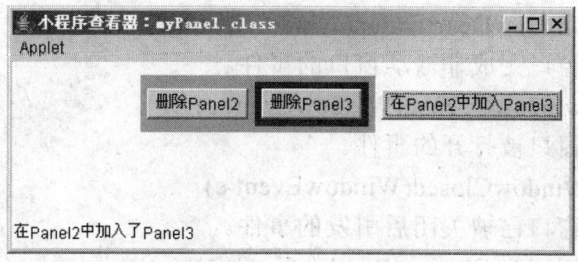

图 8-22　程序运行结果（2）

此时再单击"删除 Panel2"，结果如图 8-23 所示。

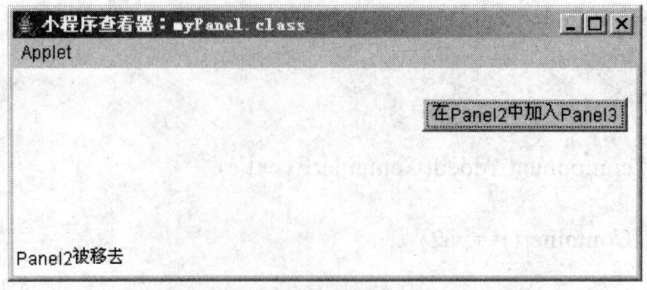

图 8-23　程序运行结果（3）

8.5.2　Frame 类

Frame 是 Window 的一个子类，而 Window 又是 Container 的子类。与 Panel 类不同，Frame 类属于有边框容器，所以它是可以独立存在的容器。Frame 是 Java Application 程序的图形用户界面容器，它只能作为最顶层的容器存在，而不能被其他容器所包含。Frame 默认的布局管理器是 BorderLayout，如果需要改变布局管理器，可以使用 setLayout()方法来实现。

Frame 类中包含了一些常用的方法，主要有以下几种。

（1）setTitle(String s)

该方法用来将 Frame 窗口的标题设置为 s。

（2）getTitle()

该方法用来获取 Frame 窗口的标题。

（3）setVisible(boolean b)

该方法可以控制 Frame 窗口的可见性。当参数 b 的值为 true 时表示可见，否则表示不可见。新建的 Frame 是不可见的。

（4）dispose()

该方法用来关闭 Frame 窗口。

Frame 可以引发 WindowEvent 类所代表的窗口事件，WindowEvent 类中主要方法有 public window getWindow()，该方法返回引发当前 WindowEvent 事件的窗口对象。

处理 WindowEvent 类型事件的接口是 WindowListener，在该接口中定义了如下七种方法。

（1）public void windowActivated(WindowEvent e)

该方法用来响应窗口被激活的事件。

（2）public void windowDeactivated(WindowEvent e)

该方法用来响应窗口变成非活动窗口的事件。

（3）public void windowOpened(WindowEvent e)

该方法用来响应窗口被打开的事件。

（4）public void windowClosed(WindowEvent e)

该方法用来响应窗口已被关闭后引发的事件。

（5）public void windowClosing(WindowEvent e)

该方法用来响应窗口正在被关闭时引发的事件。

（6）public void windowIconified(WindowEvent e)

该方法用来响应窗口最小化后引发的事件。

（7）public void windowDeiconified(WindowEvent e)

该方法用来响应窗口恢复后引发的事件。

下面来看一个示例。

例 8-15 Frame 示例（myFrame.java）

```java
import java.awt.*;
import java.awt.event.*;
public class myFrame
{
    public static void main(String args[])
    {
        new TestFrame();
    }
}

class TestFrame extends Frame implements ActionListener,WindowListener
{
    Button bt;
    Label la;
    Panel pa;
    TestFrame()
    {
        bt=new Button("关闭窗口");
        la=new Label("Label 在 Panel 里面，Panel 在 Frame 里面。");
        pa=new Panel();
        pa.add(la);
        pa.add(bt);
        add(pa);    //在窗口中嵌入 Panel 对象
        pa.setBackground(Color.red);
        bt.addActionListener(this);
        addWindowListener(this);        //注册窗体监听器
        setTitle("myFrame");            //设置窗体的标题
        setSize(300,200);               //设置窗体的大小
        setVisible(true);               //设置窗体为可见
    }

    public void actionPerformed(ActionEvent e)   //响应按钮关闭窗口的事件
    {
        dispose();
        System.exit(0);
    }

    public void windowActivated(WindowEvent e)
    {
    }
```

```java
public void windowDeactivated(WindowEvent e)
{
    pa.add(bt);
    la.setText("窗口刚才失活，按钮又被填加进来！");
}

public void windowIconified(WindowEvent e)
{
}

public void windowDeiconified(WindowEvent e)
{
    pa.remove(bt);
    la.setText("刚才最小化窗口，按钮被移除！");
}

public void windowOpened(WindowEvent e)
{
}

public void windowClosed(WindowEvent e)
{
}

public void windowClosing(WindowEvent e)    //响应窗口关闭框关闭窗口的事件
{
    dispose();
    System.exit(0);
}
}
```

程序初始运行结果如图 8-24 所示。

将窗口最小化后再恢复，结果如图 8-25 所示。

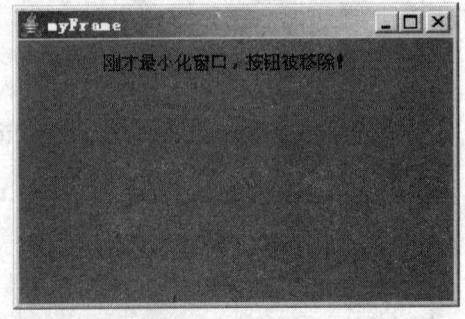

图 8-24　程序初始运行结果　　　　图 8-25　将窗口最小化后的程序运行结果

再使窗口失活，结果如图 8-26 所示。

图 8-26   程序最终运行结果

此时可以单击"关闭窗口"按钮或利用窗口关闭框关闭窗口。

8.6   布局设计

前面所讲述的示例都只是将各个组件简单地加入容器，但在实际应用程序设计时，通常需要考虑布局问题。下面就来简单介绍一下如何进行布局设计。

8.6.1   布局管理器

为了能够很好地对界面布局进行设计，Java 中提供了一种名为布局管理器（Container Layouts）的工具来管理各组件在容器中的布局。每个容器都有一个布局管理器，它负责确定组件在容器中的位置和大小，当容器需要对其中某个组件进行定位或确定组件大小时，就会调用相应的布局管理器。

Java 中定义的布局管理器类有 FlowLayout、BorderLayout、GridLayout 和 CardLayout。每种布局管理器对应着一种布局策略。当为容器设置布局时，首先创建相应的布局管理器对象，然后通过调用容器中的 setLayout()方法将容器的布局管理器指定为该对象。系统为各种类型的容器指定了默认的布局管理器，例如，Panel 默认的布局管理器是 FlowLayout，若没有为容器指定布局管理器，则容器按照其默认的布局管理器来进行布局。

8.6.2   FlowLayout 布局管理器

FlowLayout 是 Panel 以及它的子类默认的布局管理器，它将组件按照加入的先后顺序从左往右排列，一行排满后换行，再从左往右排列，直到容器中所有的组件都被排列完毕，其中每一行中的组件都居中排列。FlowLayout 布局管理器不改变组件的大小，按照组件的原本大小显示。

FlowLayout 的构造函数有以下三种。

（1）FlowLayout()

表示采用默认的居中对齐、横向和纵向间距为 5 的布局方式。

（2）FlowLayout(int align)

表示布局采用 align 表示的对齐方式，且横向和纵向间距都为 5。

（3）FlowLayout(int align,int x,int y)

表示布局采用 align 表示的对齐方式，且横向间距为 x、纵向间距为 y。

下面来看一个示例。

例 8-16   FlowLayout 示例（myFlowLayout.java）

```java
import java.awt.*;
import java.awt.event.*;
import java.applet.Applet;
public class myFlowLayout extends Applet
{
    Label lab;
    TextField tf;
    Button bt;

    public void init()
    {
        tf=new TextField(18);
        tf.setText("Hello!");
        lab=new Label("Java");
        bt=new Button("World!");
        //创建一个左对齐，且横向间距为 20，纵向间距为 30 的 FlowLayout 对象
        FlowLayout fl=new FlowLayout(FlowLayout.LEFT,20,30);
        setLayout(fl);    //将当前容器的布局管理器指定为该对象
        add(tf);
        add(lab);
        add(bt);
    }
}
```

程序运行结果如图 8-27 所示。

8.6.3 BorderLayout 布局管理器

BorderLayout 是 Window 及它的子类默认的布局
管理器，它将容器内的布局划分成东、西、南、北、
中五个区域。每加入一个组件一般都需要指明要将该
组件加入到哪个区域中，若不指明，则系统默认将其
加入到中部区域。每个区域只能加入一个组件，如果
超过一个，则先前加入的组件会被遗弃，所以如果整
个容器超过五个组件，就需要使用容器嵌套或改用其
他布局管理器。如果某个区域没有分配组件，则其他组件可以占据它的空间。

图 8-27   程序运行结果

BorderLayout 的构造函数有以下两种。

（1）BorderLayout()

表示采用默认的横向和纵向间距为 0 的布局方式。

（2）BorderLayout(int x,int y)

表示采用横向间距为 x、纵向间距为 y 的布局方式。

下面来看一个示例。

例 8-17   BorderLayout 示例（myBorderLayout.java）

```java
import java.awt.*;
```

```
import java.applet.Applet;
public class myBorderLayout extends Applet
{
    Button bt1,bt2,bt3,bt4,bt5;

    public void init()
    {
        bt1=new Button("按钮 1");
        bt2=new Button("按钮 2");
        bt3=new Button("按钮 3");
        bt4=new Button("按钮 4");
        bt5=new Button("按钮 5");
        //创建横向和纵向间距都为 10 的 BorderLayout 布局管理器对象
        BorderLayout bl=new BorderLayout(10,10);
        setLayout(bl);   //将当前容器的布局管理器指定为该对象

        add(bt1,BorderLayout.EAST);      //将 bt1 添加到东边
        add(bt2,BorderLayout.WEST);      //将 bt2 添加到西边
        add(bt3,BorderLayout.NORTH);     //将 bt3 添加到北边
        add(bt4,BorderLayout.SOUTH);     //将 bt4 添加到男边
        add(bt5,BorderLayout.CENTER);    //将 bt5 添加到中间
    }
}
```

程序运行结果如图 8-28 所示。

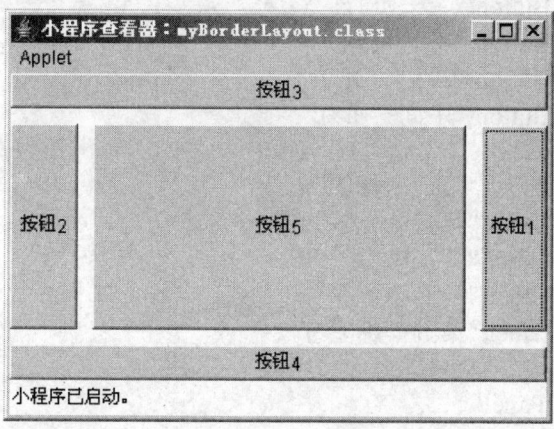

图 8-28　程序运行结果

8.6.4　CardLayout 布局管理器

　　CardLayout 布局管理器使容器能够容纳多个组件，这些组件像扑克牌一样前后依次排列，但同一时间只能显示一个组件。若同一时间需要显示多个组件，可以使用容器嵌套的方式或者改用其他布局管理器。

　　使用 CardLayout 布局管理器常用到下面几个方法。

　　（1）first(Container c)

显示第一个组件。

（2）last(Container c)

显示最后一个组件。

（3）previous(Container c)

显示前一个组件。

（4）next(Container c)

显示下一个组件。

下面通过一个示例来演示 CardLayout 布局管理器的应用。

例 8-18　CardLayout 示例（myCardLayout.java）

```
import java.awt.*;
import java.awt.event.*;
import java.applet.Applet;
public class myCardLayout extends Applet implements ActionListener
{
    Button bt1,bt2,bt3,bt4,bt5;
    Label la1,la2,la3,la4,la5;
    Panel pa1,pa2;
    FlowLayout fl;
    CardLayout cl;    //创建 CardLayout 对象

    public void init()
    {
        bt1=new Button("第一页");
        bt2=new Button("上一页");
        bt3=new Button("下一页");
        bt4=new Button("最后一页");
        bt5=new Button("中间一页");

        la1=new Label("第一个标签");
        la2=new Label("第二个标签");
        la3=new Label("第三个标签");
        la4=new Label("第四个标签");
        la5=new Label("第五个标签");

        pa1=new Panel();
        pa2=new Panel();

        pa1.setBackground(Color.red);
        pa2.setBackground(Color.blue);

        fl=new FlowLayout();
        cl=new CardLayout();
        pa1.setLayout(cl);    //将 CardLayout 对象设置为 pa1 的布局方式
        pa2.setLayout(fl);
```

```
        pa1.add("第一页",la1);    //在 pa1 中添加 la1 组件，同时为 la1 分配
                                  //一个字符串的名字，以便布局管理器根据
                                  //这个名字来调用显示 la1 组件，以下类似

        pa1.add("第二页",la2);
        pa1.add("第三页",la3);
        pa1.add("第四页",la4);
        pa1.add("第五页",la5);

        pa2.add(bt1);
        pa2.add(bt2);
        pa2.add(bt3);
        pa2.add(bt4);
        pa2.add(bt5);

        add(pa1);
        add(pa2);

        bt1.addActionListener(this);
        bt2.addActionListener(this);
        bt3.addActionListener(this);
        bt4.addActionListener(this);
        bt5.addActionListener(this);
    }

    public void actionPerformed(ActionEvent e)
    {
        if(e.getSource()==bt1)
        {
            cl.first(pa1);
        }
        else if(e.getSource()==bt2)
        {
            cl.previous(pa1);
        }
        else if(e.getSource()==bt3)
        {
            cl.next(pa1);
        }
        else if(e.getSource()==bt4)
        {
            cl.last(pa1);
        }
        else
        {
            cl.show(pa1,"第三页");    //显示由字符串"第三页"代表的组件
```

```
        }
    }
}
```

程序运行结果如图 8-29 所示。

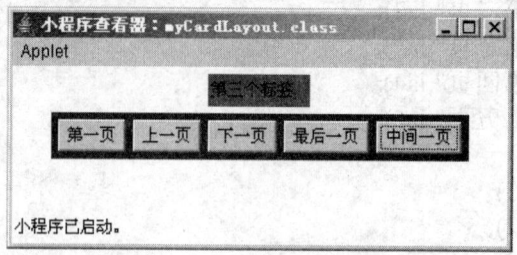

图 8-29　程序运行结果

8.6.5　GridLayout 布局管理器

GridLayout 布局管理器将容器空间划分成矩形网格形式，且每个单元格的大小相同。组件就位于这些单元格中，按照组件添加的先后顺序从左往右排列，当一行排满后，再从下一行的最左边开始继续排。

GridLayout 的构造函数格式为：

GridLayout(int rows,int columns)

其中，rows 表示网格的行数；columns 表示网格的列数。

下面来看一个简单的示例。

例 8-19　GridLayout 示例（myGridLayout.java）

```java
import java.awt.*;
import java.applet.Applet;
public class myGridLayout extends Applet
{
    Button bt1,bt2,bt3,bt4,bt5,bt6,bt7,bt8;

    public void init()
    {
        bt1=new Button("按钮一");
        bt2=new Button("按钮二");
        bt3=new Button("按钮三");
        bt4=new Button("按钮四");
        bt5=new Button("按钮五");
        bt6=new Button("按钮六");
        bt7=new Button("按钮七");
        bt8=new Button("按钮八");

        //创建 2 行 4 列的 GridLayout 布局管理器对象
        GridLayout gl=new GridLayout(2,4);
        setLayout(gl);

        add(bt1);
```

```
        add(bt2);
        add(bt3);
        add(bt4);
        add(bt5);
        add(bt6);
        add(bt7);
        add(bt8);
    }
}
```

程序运行结果如图 8-30 所示。

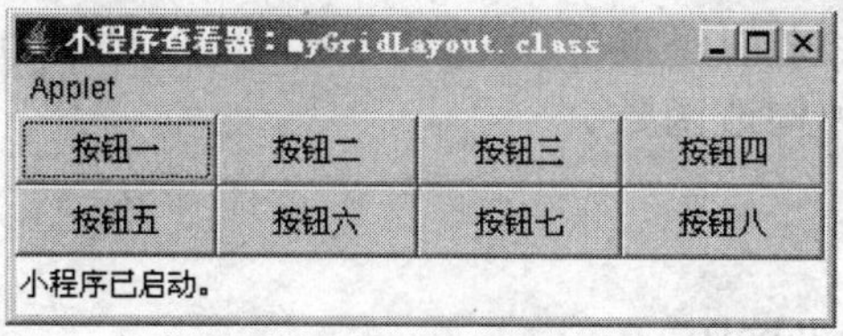

图 8-30　程序运行结果

8.7　菜单设计

菜单是一种常用的 GUI 组件。当需要在窗口中建立菜单时，首先要建立一个菜单条（MenuBar），每个菜单条又包含若干个菜单项（Menu），每个菜单项又包含若干个菜单子项（MenuItem），点击菜单子项时会引发 ActionEvent 事件。

java.awt 包中的 MenuBar 类是专门用来创建菜单条对象的类，每个 MenuBar 类的对象就是一个菜单条。MenuBar 类中常用的方法如下。

（1）add(Menu m)

该方法将菜单 m 加入菜单条。

（2）remove(int index)

该方法删除 index 处的菜单。

（3）remove(MenuComponent mc)

该方法删除指定的菜单条。

Menu 类是专门用来创建菜单对象的类，每个 Menu 类的对象就是一个菜单。Menu 类有两种构造函数。

（1）Menu()

创建一个空菜单。

（2）Menu(String label)

创建一个标签内容为 label 的菜单。

除构造函数外，Menu 类中还定义了一些常用的方法。

（1）add(MenuItem mi)

该方法将菜单项 mi 加入菜单。

（2）remove(int index)

该方法删除 index 处的菜单项。

（3）removeAll()

该方法删除所有的菜单项。

（4）insert(MenuItem mi,int index)

该方法在指定的 index 处插入菜单项 mi。

（5）insert(String label,int index)

该方法在指定的 index 处插入标签内容为 label 的菜单项。

（6）addSeparator()

该方法在当前位置增加一行分隔线。

（7）insertSeparator(int index)

该方法在 index 位置增加一行分隔线。

MenuItem 类是专门用来创建菜单项对象的类，每个 MenuItem 类的对象就是一个菜单项。MenuItem 类有三种构造函数。

（1）MenuItem()

创建一个空菜单项。

（2）MenuItem(String label)

创建一个标签内容为 label 的菜单项。

（3）MenuItem(String label,MenuShortcut s)

创建一个标签内容为 label，且关联的键盘快捷方式为 s 的菜单项。

除构造函数外，MenuItem 类中还定义了一些常用的方法。

（1）setLabel(String Label)

该方法将菜单项标签设置为 label。

（2）setShortcut(MenuShortcut s)

该方法设置菜单项快捷方式为 s。

（3）setActionCommand(String command)

该方法设置菜单事件的命令字符串，命令字符串默认值为菜单项的标签。

（4）getActionCommand()

该方法获取菜单事件的命令字符串。

（5）deleteShortcut(MenuShortcut s)

该方法删除指定的菜单快捷方式，s 表示要删除的菜单快捷方式。

下面以一个简单的示例来演示菜单的基本应用。

例 8-20　菜单应用示例（myMenu.java）

```java
import java.awt.*;
import java.awt.event.*;
public class myMenu
{
    public static void main(String args[])
    {
        new TestMenu();
    }
}
class TestMenu extends Frame implements ActionListener
{
```

```
MenuBar mb;
Menu m1,m2,m3,m4;
MenuItem mi1,mi2,mi3,mi4,mi5,mi6,mi7,mi8,mi9,mi10;
CheckboxMenuItem cm1,cm2;    //创建复选框菜单项

TestMenu()
{
    mb=new MenuBar();
    m1=new Menu("文件");
    m2=new Menu("编辑");
    m3=new Menu("帮助");
    m4=new Menu("搜索");
    mi1=new MenuItem("新建");
    mi2=new MenuItem("打开");
    mi3=new MenuItem("关闭");
    mi4=new MenuItem("保存");
    mi5=new MenuItem("另存为");
    mi6=new MenuItem("剪切");
    mi7=new MenuItem("复制");
    mi8=new MenuItem("粘贴");
    mi9=new MenuItem("目录");
    mi10=new MenuItem("索引");
    cm1=new CheckboxMenuItem("按标题搜索");
    cm2=new CheckboxMenuItem("按内容搜索");

    m1.add(mi1);           //在菜单对象 m1 中添加菜单项 mi1
    m1.addSeparator();     //在当前位置增加一行分隔线
    m1.add(mi2);
    m1.addSeparator();
    m1.add(mi3);
    m1.addSeparator();
    m1.add(mi4);
    m1.addSeparator();
    m1.add(mi5);

    m2.add(mi6);
    m2.addSeparator();
    m2.add(mi7);
    m2.addSeparator();
    m2.add(mi8);

    m3.add(mi9);
    m3.addSeparator();
    m3.add(mi10);
    m3.addSeparator();
```

```
//在菜单对象 m3 中添加菜单对象 m4，然后在 m4 中添加
//菜单子项 cm1 和 cm2
m3.add(m4);
m4.add(cm1);
m4.add(cm2);

//在菜单条中添加各菜单
mb.add(m1);
mb.add(m2);
mb.add(m3);

//通过调用 setMenuBar()方法将菜单条放在 Frame 中
setMenuBar(mb);

setTitle("myMenu");
setSize(300,220);
setVisible(true);

mi3.addActionListener(this);    //为 mi3 设置监听器
}

public void actionPerformed(ActionEvent e)
{
dispose();
System.exit(0);
}
}
```

程序运行结果如图 8-31 所示。

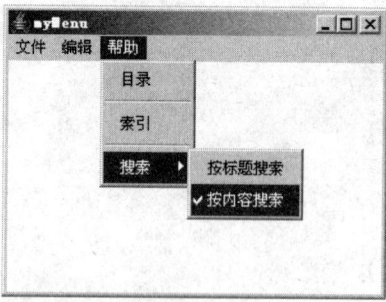

图 8-31　程序运行结果

例 8-20 程序中出现的 CheckboxMenuItem 被称为复选框菜单项，它可以通过 ItemListener 接口来进行监听。

8.8　对话框

对话框（Dialog）是一种很常见的用于与用户进行交互的容器。与 Frame 类似，Dialog

186

也是由 Window 类派生而来，它也是带有边框和标题且独立存在的容器，但 Dialog 不能被加入到其他容器中，也不能作为程序的最外层容器，并且不能包含菜单条。Dialog 必须隶属于某个 Frame，由该 Frame 负责将 Dialog 弹出。

Dialog 可以分为有模式和无模式两种。有模式对话框只响应对话框内部的事件，而无模式对话框可以对发生在对话框外部的事件进行响应。

Dialog 类有多种构造函数，常用的有以下六种。

（1）Dialog(Frame owner)

在指定的 Frame 内构造一个初始时不可见，无标题、无模式的对话框。

（2）Dialog(Frame owner, boolean modal)

在指定的 Frame 内构造一个无标题的对话框。当 modal 为 true 时表示初始可见，否则表示不可见。

（3）Dialog(Frame owner, String title, boolean modal)

在指定的 Frame 内构造一个标题为 title 的对话框。当 modal 为 true 时表示初始可见，否则表示不可见。

（4）Dialog(Dialog owner)

在指定的 Dialog 内构造一个初始时不可见，无标题、无模式的对话框。

（5）Dialog(Dialog owner, boolean modal)

在指定的 Dialog 内构造一个无标题的对话框。当 modal 为 true 时表示初始可见，否则表示不可见。

（6）Dialog(Dialog owner, String title, boolean modal)

在指定的 Dialog 内构造一个标题为 title 的对话框。当 modal 为 true 时表示初始可见，否则表示不可见。

除构造函数外，Dialog 类中还定义了一些常用的方法。

（1）setTitle(String title)

该方法将对话框标题设置为 title。

（2）getTitle()

该方法获取对话框的标题。

（3）setModal(boolean b)

该方法指定对话框是否有模式。

（4）isModal()

该方法判断对话框是否为有模式的。

（5）show()

该方法用于显示对话框。

下面以一个简单的示例来演示对话框的基本应用。

例 8-21　对话框应用示例（myDialog.java）

```
import java.awt.*;
import java.awt.event.*;
public class myDialog
{
    public static void main(String args[])
```

```java
        {
            myTestFrame mtf=new myTestFrame();
            TestDialog td=new TestDialog(mtf);
            mtf.changeLabel(td.s);
        }
}
//定义一个窗口容器类，由它将对话框弹出
class myTestFrame extends Frame implements ActionListener
{
    Label la;
    Button bt;
    myTestFrame()
    {
        la=new Label("请做出你的选择！");
        bt=new Button("关闭");
        bt.addActionListener(this);
        add(la);
        add(bt);
        setLayout(new FlowLayout());
        setTitle("myFrame");
        setSize(300,200);
        setVisible(true);
    }

    void changeLabel(String s)
    {
        if(s=="Y")
            la.setText("你表示同意！");
        else
            la.setText("你表示反对！");
    }

    public void actionPerformed(ActionEvent e)
    {
        dispose();
        System.exit(0);
    }
}

class TestDialog implements ActionListener
{
    Dialog dg;                          //创建对话框对象
    Panel pa1,pa2;
    Button bt1,bt2;
    Label la;
    String s;
```

```
TestDialog(Frame owner)
{
    dg=new Dialog(owner,"我的对话框",true);
    pa1=new Panel();
    pa2=new Panel();
    bt1=new Button("同意");
    bt2=new Button("反对");
    la=new Label("是否同意？");

    bt1.addActionListener(this);
    bt2.addActionListener(this);

    pa1.add(la);
    pa2.add(bt1);
    pa2.add(bt2);
    dg.add(pa1,BorderLayout.NORTH);
    dg.add(pa2,BorderLayout.SOUTH);
    dg.setSize(200,120);
    dg.setVisible(true);
}
public void actionPerformed(ActionEvent e)
{
    dg.dispose();                          //关闭对话框

    if(e.getSource()==bt1)
        s="Y";                             //单击"同意"按钮
    else
        s="N";                             //单击"反对"按钮
}
}
```

程序运行结果如图 8-32 所示。

单击"同意"按钮后，结果如图 8-33 所示。

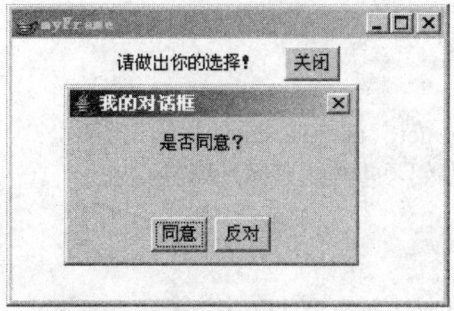

图 8-32　程序运行结果（1）

图 8-33　程序运行结果（2）

8.9　Swing GUI 组件

除了 java.awt 包中的 GUI 组件外，Java 中还有一种被称为 Swing 的图形编程接口，

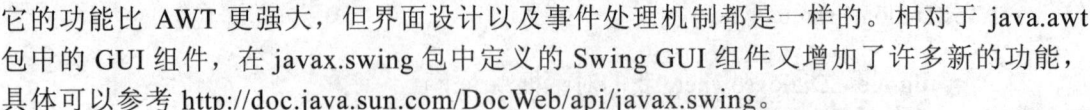

它的功能比 AWT 更强大，但界面设计以及事件处理机制都是一样的。相对于 java.awt 包中的 GUI 组件，在 javax.swing 包中定义的 Swing GUI 组件又增加了许多新的功能，具体可以参考 http://doc.java.sun.com/DocWeb/api/javax.swing。

一个 Java GUI 通常由顶层容器、中间容器以及多个原子组件组成。每个原子组件或容器都可能触发相应的事件。Swing 的 GUI 组件类是按照类属层次以树状结构进行组织的。在这个树的最顶层，即树的根部，是一个最基本的容器类，被称为顶层容器。Swing 提供了四个通用的顶层容器类：JWindow、JFrame、JDialog 和 JApplet。JFrame 提供了基于窗体的应用程序，JDialog 提供对话框形式的界面，JApplet 提供 Java 小应用程序的界面形式。在顶层容器下面是中间层容器（如 JPanel），它用于容纳其他组件。中间层容器的下面是一些基本的原子组件，如 JButton、JList、JMenu 等，这些组件用来完成各自的基本功能。

下面简单介绍一下几种常用的 Swing GUI 组件。

8.9.1 JApplet

JApplet 是 Applet 类的子类，它支持 Swing 组件的特性。与 Applet 相比，JApplet 主要有两点不同。

1) JApplet 类使用 BorderLayout 的一个实例作为它的布局管理器，BorderLayout 的缺省约束条件是 BorderLayout.CENTER；而 Applet 的缺省布局管理器是 FlowLayout，FlowLayout 的缺省约束条件是 FlowLayout.LEFT，这是二者最显著的区别之一。

2) 向 JApplet 中加入 Swing 组件时，应该使用 JApplet 中的 getContentPane()方法获取一个 Container 对象，再调用该对象的 add()方法将其他 Swing 组件加入到 JApplet 中。

下面来看一个示例。

例 8-22　JApplet 应用示例（myJApplet.java）

```
import java.awt.*;
import javax.swing.*;
import java.awt.event.*;
public class myJApplet extends JApplet
{
    JButton jbt1,jbt2;

    public void init()
    {
        Container c=getContentPane();   //通过 getContentPane()获
                                        //取 Container 对象并赋给 c
        jbt1=new JButton("确定");
        jbt2=new JButton("取消");

        //通过 c 中的 add()方法将 jbt1 和 jbt2 加入到当前 JApplet 中
        c.add(jbt1,BorderLayout.WEST);
        c.add(jbt2,BorderLayout.EAST);
    }
}
```

190

程序运行结果如图 8-34 所示。

8.9.2 JFrame

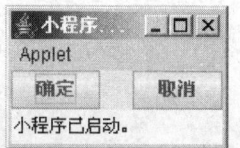

图 8-34　程序运行结果

JFrame 是 Frame 类的子类，它继承了 Frame 类的很多方法。与 Frame 类不同的是，JFrame 创建的是 Swing 窗体。另外，与 JApplet 类似，向 JFrame 中加入 Swing 组件时，应该使用 JFrame 中的 getContentPane()方法获取一个 Container 对象，再调用该对象的 add()方法将其他 Swing 组件加入到 JFrame 中。JFrame 除了可以响应 WindowEvent、ContainerEvent 等类型的事件外，还可以响应 JFrame 自带的 processWindowEvent 事件。

下面来看一个示例。

例 8-23　JFrame 应用示例（myJFrame.java）

```java
import java.awt.*;
import javax.swing.*;
import java.awt.event.*;
public class myJFrame
{
    public static void main(String args[])
    {
        new TestJFrame();
    }
}

class TestJFrame extends JFrame implements ActionListener
{
    JButton jbt1,jbt2;

    TestJFrame()
    {
        Container c=getContentPane();    //通过 getContentPane()获取 Container 对象
                                         并赋给 c
        jbt1=new JButton("确定");
        jbt2=new JButton("关闭");
        jbt2.addActionListener(this);

        //通过 c 中的 add()方法将 jbt1 和 jbt2 加入到当前 JFrame 中
        c.add(jbt1,BorderLayout.WEST);
        c.add(jbt2,BorderLayout.EAST);

        setTitle("myJFrame");
        setSize(180,60);
        setVisible(true);
    }

    public void actionPerformed(ActionEvent e)
    {
```

```
            dispose();
            System.exit(0);
        }
    }
```

程序运行结果如图 8-35 所示。

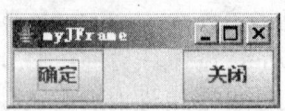

图 8-35　程序运行结果

8.9.3　JPasswordField

JPasswordField 是 JTextField 类的子类，它最大的特点就是当用户在其对象中输入字符时会被遮住，主要用于输入密码等保密的信息。

下面来看一个示例。

例 8-24　JPasswordField 应用示例（myJPasswordField.java）

```java
import java.awt.*;
import javax.swing.*;
import java.awt.event.*;
public class myJPasswordField extends JApplet implements ActionListener
{
    JLabel jla1,jla2;
    JPasswordField jpf1,jpf2;
    JButton jbt1,jbt2;

    public void init()
    {
        Container c=getContentPane();
        GridLayout gl=new GridLayout(3,2);
        jla1=new JLabel("请输入密码：");
        jla2=new JLabel("请再次输入：");
        jpf1=new JPasswordField(8);
        jpf2=new JPasswordField(8);
        jbt1=new JButton("确定");
        jbt2=new JButton("重输");
        c.setLayout(gl);
        c.add(jla1);
        c.add(jpf1);
        c.add(jla2);
        c.add(jpf2);
        c.add(jbt1);
        c.add(jbt2);
        jbt1.addActionListener(this);
        jbt2.addActionListener(this);
    }

    public void actionPerformed(ActionEvent e)
    {
        if(e.getSource()==jbt1)
```

```
        {
            String s1=jpf1.getText();
            String s2=jpf2.getText();
            if(s1.equals(s2))
                showStatus("两次输入的密码相同！");
            else
                showStatus("两次输入的密码不同！");
        }
        else
        {
            jpf1.setText("");
            jpf2.setText("");
        }
    }
}
```

程序运行结果如图 8-36 所示。

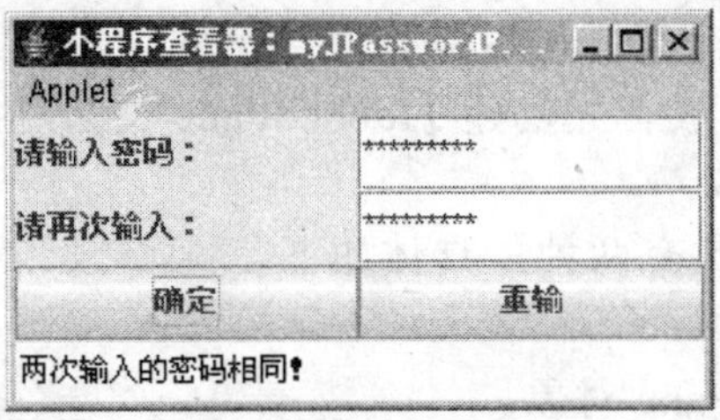

图 8-36　程序运行结果

8.9.4　JTable

表格是一种很常用的组件，在 javax.swing.table 包中的 JTable 类提供以表格形式显示数据的方式，它允许对表格中的数据进行编辑。JTable 提供了七种构造函数，其中最常用的一种格式如下：

JTable(Object[][] data,Object[] columnName)

其中，data 表示表中的内容；columnName 表示表中列的名称。

下面通过一个简单的示例来演示 JTable 的基本应用。

例 8-25　JTable 应用示例（myJTable.java）

```
import java.awt.*;
import javax.swing.*;
public class myJTable extends JApplet
{
    JTable jta;
    public void init()
    {
        Container c=getContentPane();
        JScrollPane jsp=new JScrollPane();   //创建滚动面板
        Object[][] dat={{"01","张三","男"},{"02","李四","女"},{"03","王五","男"}};
        Object[] colnam={"编号","姓名","性别"};
```

```
        jta=new JTable(dat,colnam);        //创建表格
        jsp.getViewport().add(jta);        //在滚动面板中添加表格
        c.add(jsp);                        //将滚动面板添加到 JApplet 中
    }
}
```

程序运行结果如图 8-37 所示。

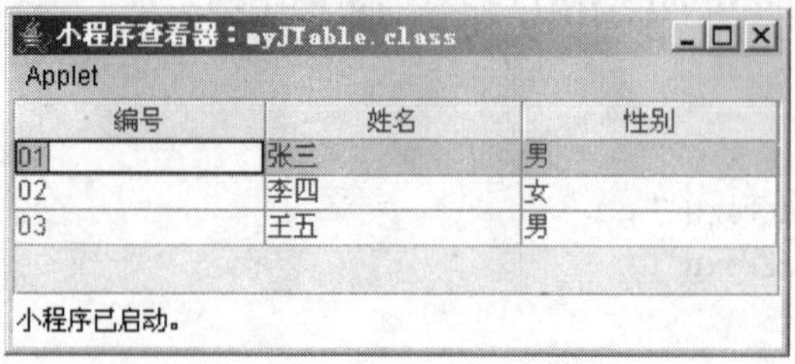

小程序查看器：myJTable.class			_ □ ×
Applet			

编号	姓名	性别
01	张三	男
02	李四	女
03	王五	男

小程序已启动。

图 8-37　程序运行结果

8.9.5　JTabbedPane

JTabbedPane 容器使多个组件可以共享同一空间，用户只要单击标签就可以选择要显示的组件。在设计时，一般首先创建 JTabbedPane 类的对象，然后将各组件依次加入到该对象中。

JTabbedPane 的构造函数有两种，具体如下。

（1）JTabbedPane()

建立一个空的 JTabbedPane 对象。

（2）JTabbedPane(int tabPlacement)

建立一个空的 JTabbedPane 对象，并指定摆放位置，如 TOP、BOTTOM、LEFT、RIGHT。

JTabbedPane 还提供了一些其他常用的方法。

（1）addTab(String title,Icon i,Component c)

该方法将组件加入到 JTabbedPane 容器中，其中 title 表示标签的标题，i 表示标签上的图标，c 表示要加入的组件。

（2）getSelectedIndex()

该方法返回当前选中的标签序号。标签序号从 0 开始，从左往右依次递增。

（3）getSelectedComponent()

该方法返回当前选中的组件。

另外，当用户选择某个标签时，会引发 ChangeEvent 事件，对该事件作出响应时，需要编写 ChangeListener 接口规定的 stateChanged()方法。

下面通过一个简单的例子来演示 JTabbedPane 的应用。

例 8-26　JTabbedPane 应用示例（myJTabbedPane.java）

```
import java.awt.*;
import java.awt.event.*;
import javax.swing.*;
//由于 ChangeEvent 是属于 Swing 的事件，而不是 AWT 的事件
//因此 import Swing 的事件类来处理 ChangeEvent 事件
```

```java
import javax.swing.event.*;

public class myJTabbedPane
{
    public static void main(String args[])
    {
        new TestJTabbedPane();
    }
}

class TestJTabbedPane extends Frame implements ActionListener,ChangeListener
{
    JTabbedPane jtp;    //创建 JTabbedPane 对象
    JPanel jp1,jp2,jp3;
    JLabel jla1,jla2,jla3;
    JButton jbt;

    TestJTabbedPane()
    {
        jtp=new JTabbedPane();
        jp1=new JPanel();
        jp2=new JPanel();
        jp3=new JPanel();
        jla1=new JLabel("你选择了第一个标签！ ");
        jla2=new JLabel("你选择了第二个标签！ ");
        jla3=new JLabel("你选择了第三个标签！ ");
        jbt=new JButton("关闭");

        jp1.add(jla1);
        jp1.add(jbt);
        jp2.add(jla2);
        jp3.add(jla3);

        //利用 addTab()方法添加组件
        jtp.addTab("标签 1",new ImageIcon("图标 1.gif"),jp1);
        jtp.addTab("标签 2",new ImageIcon("图标 2.gif"),jp2);
        jtp.addTab("标签 3",new ImageIcon("图标 3.gif"),jp3);
        add(jtp);
        jtp.addChangeListener(this);   //设置 ChangeEvent 事件监听器
        jbt.addActionListener(this);
        setSize(300,200);
        setVisible(true);
    }

    public void stateChanged(ChangeEvent e)   //响应 ChangeEvent 事件
    {
```

```
            int ind=((JTabbedPane)e.getSource()).getSelectedIndex();
            if(ind==0)
                setTitle(jla1.getText());
            else if(ind==1)
                setTitle(jla2.getText());
            else
                setTitle(jla3.getText());
        }
        public void actionPerformed(ActionEvent e)
        {
            dispose();
            System.exit(0);
        }
    }
}
```

程序运行结果如图 8-38 所示。

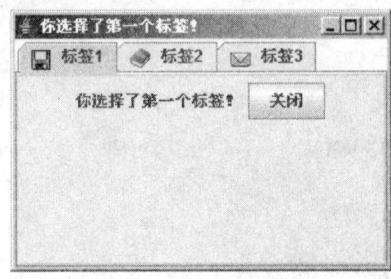

图 8-38　程序运行结果

习　　题

1. 简述图形用户界面的构成成分以及各自的作用。

2. 什么是 Applet 小程序？它与独立的应用程序有什么不同？

3. 简述 Java Applet 程序运行的基本步骤。

4. 什么是事件源？什么是监听器？在 Java 的图形用户界面中，谁可以充当事件源？谁可以充当监听器？

5. 简述 AWT 和 Swing 组件的关系。

6. 动作事件的事件源可以有哪些？如何响应动作事件？

7. 编程：编写一个 Application，接受用户输入的账号和密码，给三次输入机会。

8. 编程：显示前 n 个 Fibonacci 数的 GUI 程序。n 在一个文本框中输入，选择一个按钮开始计算并显示结果，结果输出到一个 TextArea 中。

9. 编程：创建一个文本框、三个单选按钮、一个标签和一个按钮，文本框用来输入自然数，根据选择单选按钮的不同，分别计算：

1+2+⋯+n 或 1×2×⋯×n 或 1+1/2+1/3+⋯+1/n

第 9 章 异常处理与多线程

异常是指产生了正常情况以外的事件，例如，数组下标越界、除数为零、需要的文件无法打开等。多线程是指程序中同时存在多个执行体，它们按照多个不同的执行路线互不干扰地共同运行，完成各自的功能。本章将着重介绍在 Java 中如何处理各种异常以及如何实现多线程编程。

9.1 异常

异常（Exception）是指程序运行过程中出现的非正常情况，例如，用户输入错误、除数为零、数组下标越界、内存不足等。程序在运行过程中出现各种类型的异常是难免的，所以在编写程序时，不仅要考虑程序的正确性，同时还要考虑用户使用过程中可能出现的各种意外情况，对异常情况进行相应的处理，使程序具有较强的容错能力。

Java 语言中引入了异常处理机制（Exception Handling）。通过异常处理机制，可以有效地预防生成错误的程序代码或由用户错误的操作而造成不可预期的结果，从而较好地保证整个程序运行的安全性。

9.1.1 异常处理机制

异常处理机制是为了及时有效地处理程序运行时出现的各种异常错误。Java 的异常处理过程主要分为两步。

1）程序如果在执行过程中出现异常，就自动生成一个异常类的对象，该对象中包含了相关的异常信息，它被提交到 Java 运行时系统，这个过程被称为抛出异常。

2）Java 运行时，系统在接收到异常对象后，会在方法的调用堆栈中查找，从产生异常的方法开始，按照与方法调用相反的顺序调用堆栈，直到找到能处理该异常的方法并将当前的异常对象交给它处理，这一过程被称为捕获异常。如果 Java 运行时系统没有找到可以捕获异常的方法，则运行时系统终止，相应的 Java 程序也将退出。

常见的异常类型有两种。

（1）运行时异常（Runtime Exception）

该类型的异常主要是因为程序错误导致的，例如，数组下标越界、错误的类型转换等。由于该类错误可能出现在程序的任何地方，且出现的可能性较大，所以编译器不要求程序去捕捉该类异常，而由编译器提供默认的异常处理程序。

（2）非运行时异常（Non-Runtime Exception）

该类型的异常是由编译器在编译时产生的。通常不是因为程序本身错误，而是由于环境原因造成的，如 IOException、SQLException 等。

9.1.2 异常类

异常类是处理运行时错误的特殊类。Java 中定义了许多异常类，这些类都是 Exception 类的子类，每一种异常类对应着一种特定的运行错误。异常类的层次关系如图 9-1 所示。

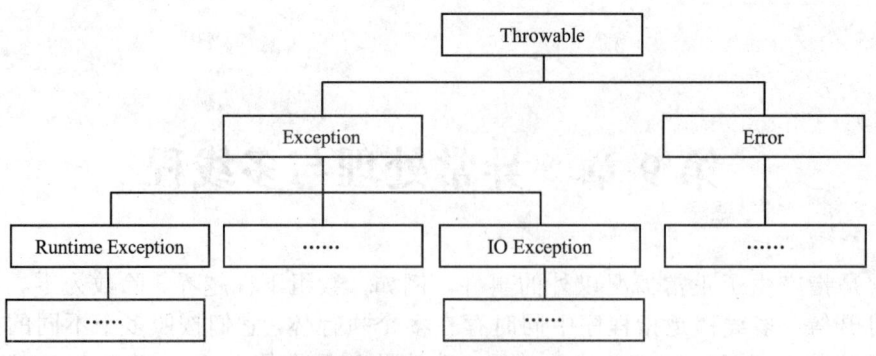

图 9-1　异常类的层次关系

图中的 Throwable 类是 java.lang 包中的一个类，由它派生出 Exception 和 Error 两个子类。其中，Error 类包含 Java 系统或执行环境中发生的异常，这些异常是用户无法捕捉到的；Exception 类包含了一般性的异常，这些异常是用户可以捕捉到的。

Exception 类的构造函数有以下四种。

（1）public Exception()

构造详细消息为 null 的新异常。

（2）Exception(String message)

构造带指定详细消息的新异常。

（3）Exception(String message, Throwable cause)

构造带指定详细消息和原因的新异常。

（4）Exception(Throwable cause)

构造带指定原因的新异常。

Exception 类中常用的方法有以下三种。

（1）String getMessage()

该方法返回描述异常对象的字符串。

（2）String toString()

该方法返回描述异常对象的详细信息。

（3）void printStackTrace()

该方法用于在屏幕上输出当前异常对象的堆栈使用轨迹，即程序先后调用了哪些类或对象的哪些方法才导致产生了本异常对象。

Exception 类又派生出了很多子类，这些子类可以分为两部分：运行时（RuntimeException）类和非运行时（Non-RuntimeException）类。其中常见的子类如下。

（1）ClassNotFoundException

没有找到将要使用的类。

（2）ArrayIndexOutOfBoundsException

数组越界。

（3）FileNotFoundException

没有找到指定的文件。

（4）IOException

输入/输出错误。

（5）NullPointerException

程序遇到空的指针。

（6）ArithmeticException

数学运算异常。

（7）EOFException

文件已结束异常。

（8）MalformedURLException

URL 格式异常。

（9）NumberFormatException

字符串转换为数字异常。

（10）SQLException

操作数据库异常。

9.2　异常处理语句

9.2.1　try-catch-finally 语句

首先看一个例子。

例 9-1　异常示例（myException.java）

```
public class myException
{
    public static void main(String args[])
    {
        int x=8,y=0,z;
        z=x/y;
         System.out.println(z);
    }
}
```

程序执行结果如图 9-2 所示。

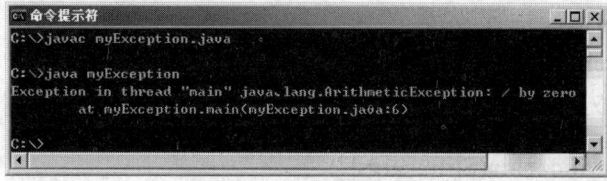

图 9-2　程序执行结果

很显然，在例 9-1 程序中 y 的值为 0，用它来作为分母进行运算必然会导致数学运算异常，程序的运行结果也验证了这一点。通常情况下，系统预先定义好的异常处理方法只会将一些简单的异常信息输出在屏幕上，这种处理方式在许多情况下难以满足我们的要求。这时就需要使用 Java 提供的 try-catch-finally 语句来进行适当的处理，该语句可以捕获相应的异常，并允许按照自己的要求进行处理。

try-catch-finally 语句具有抛出异常并捕获异常的功能，其语法格式如下：

```
try
{
```

```
    //可能产生异常的程序代码
}
catch(异常类型 1 异常对象 1)
{
    //处理该类型异常的代码
}
catch(异常类型 2 异常对象 2)
{
    //处理该类型异常的代码
}

……

catch(异常类型 n 异常对象 n)
{
    //处理该类型异常的代码
}
finally
{
    //最后执行的代码
}
```

该语句的执行过程如下。

1）执行 try 语句块中的程序代码，若没有产生异常，则跳过 catch 语句块，执行 finally 语句块中的程序代码。

2）若执行 try 语句块中的程序代码时产生了异常，则执行相应的 catch 语句块中的程序代码，最后执行 finally 语句块中的代码。

try 语句块中的程序代码可能会产生多种异常，所以 try 后面可以跟多个 catch 语句块，finally 是整个语句的出口，一般用来做一些扫尾工作，如释放系统资源等。finally 不是必须的，它是可选的。

下面将例 9-1 的程序进行改写。

例 9-2   try_catch_finally 示例（mytry_catch_finally.java）

```java
public class mytry_catch_finally
{
    public static void main(String args[])
    {
        int x=8,y=0,z;
        try
        {
            z=x/y;
            System.out.println(z);
        }
        catch(ArithmeticException e)
        {
            System.out.println(e.getMessage()+"\n 数学运算异常！");
        }
```

```
        finally
        {
            System.out.println("结束！");
        }
    }
}
```

程序执行结果如图 9-3 所示。

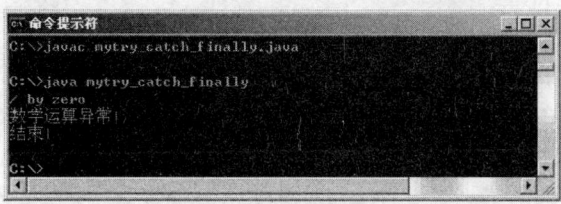

图 9-3　程序执行结果

另外，try-catch-finally 语句还可以嵌套使用，即在 try 语句块中嵌入其他 try-catch-finally 语句。下面在例 9-2 的基础上对程序进行改写，实现用户随意从键盘上输入两个整数，求它们相除的结果。

例 9-3　嵌套 try_catch_finally 示例（mytry_catch_finally2.java）

```
import java.io.*;
public class mytry_catch_finally2
{
    public static void main(String args[])
    {
        int x,y,z;
        String s1,s2;
        System.out.println("请输入两个整数：");

        //第一层 try 语句，对应于输入/输出异常
        try
        {
            BufferedReader br=
             new BufferedReader(new InputStreamReader(System.in));
            s1=br.readLine();
            s2=br.readLine();

            //第二层 try 语句，对应于数据格式异常
            try
            {
                x=Integer.parseInt(s1);
                y=Integer.parseInt(s2);

                //第三层 try 语句，对应于数学运算异常
                try
                {
                    z=x/y;
```

```
                        System.out.println("两数相除的结果为: "+z);
                }
                catch(ArithmeticException e)
                {
                        System.out.println(e.getMessage()+"\n 数学运算异常！");
                }
                finally
                {
                        System.out.println("运算完毕！");
                }
            }
            catch(NumberFormatException e)
            {
                System.out.println("你输入的数据不正确，请输入整数！");
            }
        }
        catch(IOException e)
        {
            System.out.println("输入/输出异常！");
        }
        finally
        {
            System.out.println("结束！");
        }
    }
}
```

程序执行时，输入 6 和 2，结果如图 9-4 所示。

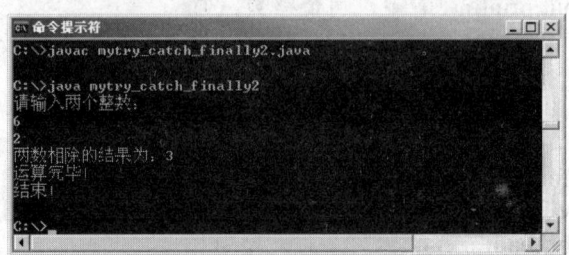

图 9-4　程序执行结果（1）

若输入 18 和 0，结果如图 9-5 所示。

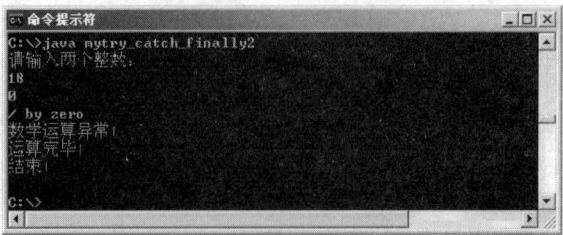

图 9-5　程序执行结果（2）

若输入"ABC"和 3，结果如图 9-6 所示。

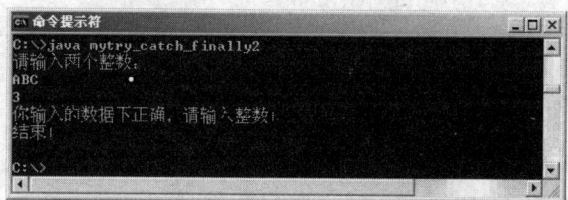

图 9-6 程序执行结果（3）

9.2.2 throw 语句

前面所讲述的异常是系统在运行时抛出的，但编程人员也可以根据具体情况在程序中人为地抛出一个异常。这就要用到 throw 语句和 throws 语句，这里先来介绍一下 throw 语句。

throw 语句用来抛出一个异常，如果要捕捉 throw 抛出的异常，则必须使用 try-catch 语句。程序在执行到 throw 语句时立即停止，它后面的语句都不执行，转而跳到 catch 子句中去执行。另外，throw 还可以与 throws 配套使用（后面介绍）。throw 语句的格式如下：

throw 异常对象

下面将例 9-3 的示例程序作些修改。

例 9-4   throw 示例（mythrow.java）

```java
import java.io.*;
public class mythrow
{
    public static void main(String args[])
    {
        int x,y,z;
        String s1,s2;
        System.out.println("请输入两个整数：");
        try
        {
            BufferedReader br=
             new BufferedReader(new InputStreamReader(System.in));
            s1=br.readLine();
            s2=br.readLine();
            try
            {
                x=Integer.parseInt(s1);
                y=Integer.parseInt(s2);
                try
                {
                    if(y!=0)
                    {
                        z=x/y;
                        System.out.println("两数相除的结果为："+z);
                    }
```

```
                    else
                    {    //此处抛出异常
                         throw new ArithmeticException("数学运算异常！");
                    }
                }
                catch(ArithmeticException e)    //catch 异常
                {
                    System.out.println(e);
                }
                finally
                {
                    System.out.println("运算完毕！");
                }
            }
            catch(NumberFormatException e)
            {
                System.out.println("你输入的数据不正确，请输入整数！");
            }
        }
        catch(IOException e)
        {
            System.out.println("输入/输出异常！");
        }
        finally
        {
            System.out.println("结束！");
        }
    }
}
```

程序执行时，输入 18 和 0，结果如图 9-7 所示。

图 9-7　程序执行结果

9.2.3　throws 语句

在实际应用中，有时不希望用当前方法来处理异常，而希望将异常向上提交给调用此方法的其他方法来处理，这时就需要用到 throws 语句。throws 语句的语法格式如下：

[修饰符] 返回值类型 方法名([参数列表])[throws 异常类列表]

下面将例 9-4 的示例程序作些修改。

例 9-5　throws 示例（mythrows.java）

```java
import java.io.*;
public class mythrows
{
    public static void main(String args[])
    {
        int x,y,z;
        String s1,s2;
        System.out.println("请输入两个整数：");
        try
        {
            BufferedReader br=
             new BufferedReader(new InputStreamReader(System.in));
            s1=br.readLine();
            s2=br.readLine();
            try
            {
                x=Integer.parseInt(s1);
                y=Integer.parseInt(s2);
                try
                {
                    Testthrows tt=new Testthrows();
                    tt.division(x,y);
                }
                catch(ArithmeticException e)
                {
                    System.out.println(e);
                }
                finally
                {
                    System.out.println("运算完毕！");
                }
            }
            catch(NumberFormatException e)
            {
                System.out.println("你输入的数据不正确，请输入整数！");
            }
        }
        catch(IOException e)
        {
            System.out.println("输入/输出异常！");
        }
        finally
        {
            System.out.println("结束！");
        }
    }
}
```

```
class Testthrows
{
        //将异常提交给调用此方法的其他方法
        void division(int x,int y) throws ArithmeticException
        {
                if(y!=0)
                {
                        int z=x/y;
                        System.out.println("两数相除的结果为： "+z);
                }
                else
                {
                        throw new ArithmeticException("数学运算异常！ ");
                }
        }
}
```

程序执行时，输入 18 和 0，结果如图 9-8 所示。

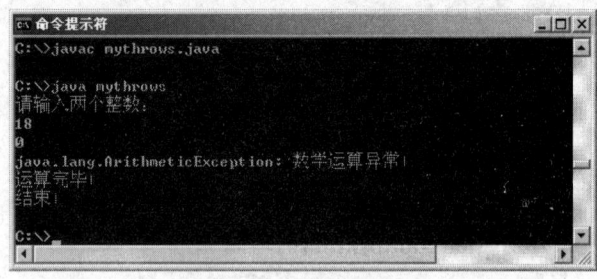

图 9-8 程序执行结果

9.3 多线程技术

多线程是指同时存在多个执行体，它们按几条不同的路线共同运行，各自完成自己的功能且互不干扰。这一点在诸如 Windows 的操作系统上体现得非常明显，例如，我们经常一边上网，一边听音乐，同时可能还在打印文件。以前我们所编写的程序大多是单线程的，即一个程序只有一条从头到尾的执行路线。而 Java 提供了多线程机制，它使得编程人员可以很方便地编写出能够同时处理多个任务的多线程程序。

要掌握多线程技术，首先要弄清什么是线程。这里简单介绍三个概念：程序、进程和线程。

1）程序就是一段静态的代码，它包括对数据的描述和操作。

2）进程就是计算机对程序的一次动态的执行过程。同样的一段程序被多次地加载到计算机中执行，就形成了多个进程。例如，同时打开两个 Word 文件，程序是相同的，但相同的程序在计算机中两个不同的内存区域执行，就形成了两个 Word 进程。

3）线程是一种比进程更小的执行单位，一个进程可以被划分为若干个线程。每个线程都拥有独立的执行线路，每条线路上的线程都有一个产生、存在和消亡的过程，但线程没有独立的内存空间，而是与所属的进程中的其他线程共享一个内存空间，并利用这个共享的内存空间来实现数据交换、实时通信以及必要的同步操作。

9.3.1　线程的状态与生命周期

每个 Java 程序都有一个默认的主线程。例如，在 Java Application 程序中，main()
函数执行的线路就是主线程；而 Java Applet 程序中，主线程指挥浏览器加载执行 Java
Applet 程序。当需要实现多线程时，就必须在主线程中创建新的线程对象。Java 中使用
Thread 类及其子类的对象来表示线程。线程在一个完整的生命周期内通常会经历五种状
态：新建、就绪、运行、阻塞和消亡。

（1）新建（New）

当一个线程类的对象被创建时，系统会为它分配相应的内存空间和其他资源，但未
调用 start()方法启动该线程对象，此时该线程对象处于新建状态。

（2）就绪（Runnable）

当处于新建状态的线程被启动或处于阻塞状态的线程被解除阻塞后，将进入线程队
列等待系统为它分配 CPU 资源，此时它已经具备了运行的条件，处于就绪状态，只要
获得了 CPU 资源，该线程就调用自己的 run()方法进入运行状态。

（3）运行（Running）

处于就绪状态的线程被调度获得 CPU 资源时，它便进入的运行状态。

（4）阻塞（Blocked）

处于运行状态的线程如果遇到诸如人为挂起或需要进行输入输出操作等特殊情况
时，将让出 CPU 资源并暂时停止自身的运行，进入阻塞状态。处于这一状态的线程不
能进入就绪队列，必须等到阻塞状态被解除，才能进入就绪状态等待分配 CPU 资源，
以便从原来停止的位置继续执行。

（5）消亡（Dead）

当一个线程正常结束或被提前强制性地终止，它便进入了消亡状态。

图 9-9 展现了线程生命周期中的各种状态之间的转换关系和转换条件。

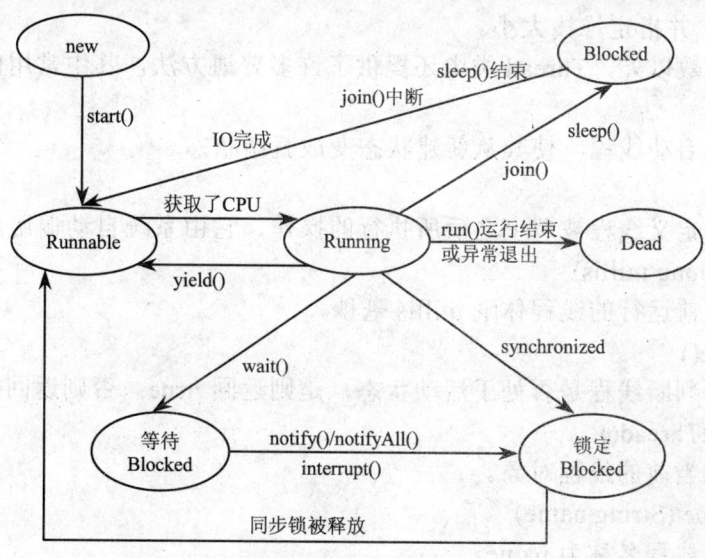

图 9-9　线程的生命周期

9.3.2 Thread 类与 Runnable 接口

Java 中实现多线程有两种方式：一种是通过继承 Thread 类的方式创建线程；另一种是通过实现 Runnable 接口的方式创建线程。

1．Thread 类

Thread 类是 java.lang 包中专门用来创建线程的类，它包含了 Java 中一个线程所需要的方法和属性。

Thread 类中有八个构造函数，分别如下。

（1）public Thread()

创建一个新线程类对象。

（2）public Thread (Runnable target)

创建一个新线程，使用指定的 target 对象的 run()方法。

（3）public Thread (Runnable target, String name)

创建一个新线程，新线程的名称为 name，使用指定的 target 对象的 run()方法。

（4）public Thread (String name)

创建一个新线程，其名称为 name。

（5）public Thread (ThreadGroup group, Runnable target)

在指定的线程组中创建一个新线程，使用指定的 target 对象的 run()方法。

（6）public Thread (ThreadGroup group, String name)

在指定的线程组中创建一个新线程，新线程的名称为 name。

（7）public Thread (ThreadGroup group, Runnable target, String name)

在指定的线程组中创建一个新线程，新线程的名称为 name，使用指定的 target 对象的 run()方法。

（8）Thread (ThreadGroup group, Runnable target, String name, long stackSize)

在指定的线程组中创建一个新线程，新线程的名称为 name，使用指定的 target 对象的 run()方法，并指定堆栈大小。

除了构造函数以外，Thread 类中还提供了许多普通方法，其中常用的有以下几种。

（1）start()

该方法用于启动线程，使其从新建状态变成就绪状态。

（2）run()

该方法用于定义线程被调度之后所执行的操作，它由系统自动调用。

（3）sleep (long millis)

该方法使当前运行的线程休眠 millis 毫秒。

（4）isAlive()

该方法用于判断线程是否处于活动状态，是则返回 true；否则返回 false。

（5）currentThread()

该方法返回当前的线程对象。

（6）setName (String name)

该方法设置线程名称为 name。

（7）getName()

该方法返回线程的名称。

（8）yield()

该方法使当前运行的线程退出运行状态，进入等待队列。

（9）interrupt()

该方法用于中断线程。

（10）interrupted()

该方法用于判断当前线程是否已中断。

（11）isInterrupted()

该方法用于判断一个线程是否已中断，与 interrupted()不同的是，interrupted()是静态方法，作用目标是当前线程，而 isInterrupted()是非静态方法，作用目标是线程实例。

（12）setPriority (int newPriority)

该方法设置线程的优先级。

（13）getPriority()

该方法获取线程的优先级。

（14）join()

等待该线程终止。

2．通过继承 Thread 类的方式创建线程

使用这种方式创建线程时，用户程序必须创建 Thread 类的子类，然后在子类中重新定义 run()方法去覆盖 Thread 类中的该方法，run()方法中包含了用户自己需要的操作。下面来看一个示例。

例 9-6　通过继承 Thread 类的方式创建线程示例（myThread.java）

```java
import java.io.*;
public class myThread
{
    public static void main(String args[])
    {
        TestThread tt1=new TestThread("线程 A",200);    //创建线程对象 tt1
        tt1.start();                                    //启动 tt1
        TestThread tt2=new TestThread("线程 B",100);    //创建线程对象 tt2
        tt2.start();                                    //启动 tt2
    }
}

class TestThread extends Thread    //TestThread 类继承自 Thread 类
{
    int count=1,time;
    String name;
    TestThread(String s,int t)
    {
        name=s;
        time=t;
    }
```

```
    public void run()
    {
        while(true)
        {
            if(count<=5)
            {
                try
                {
                    System.out.println(name+"第"+count+"次执行完毕,
                                        将休眠"+time+"毫秒。");
                    count++;
                    Thread.sleep(time);    //当前线程休眠 time 毫秒
                }
                catch(InterruptedException e)
                {
                    System.out.println("sleep()方法引起了异常！");
                }
            }
            else
            {
                break;
            }
        }
    }
}
```

程序执行结果如图 9-10 所示。

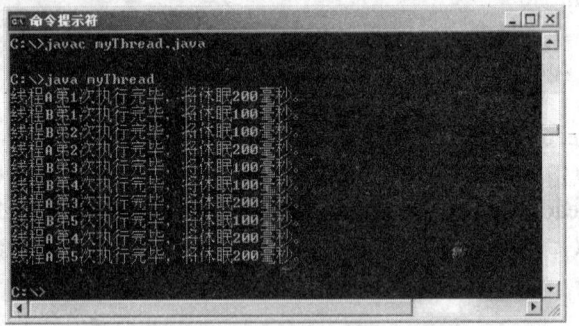

图 9-10   程序执行结果

3．通过实现 Runnable 接口的方式创建线程

由于 Java 不支持多继承，所以任何类一旦继承了其他类，就无法再继承 Thread 类。例如，Java Applet 程序已经继承了 java.applet.Applet 类，所以无法再继承 Thread 类，此时就只能通过 Runnable 接口来实现多线程。Runnable 接口只有一个 run()方法，要实现这个接口，就必须定义 run()方法的具体内容，当用户程序建立新线程时，只要以这个实现了 run()方法的类的对象作为参数，创建 Thread 类的对象，就可以将用户实现的run()方法借用过来。下面来看一个示例。

例 9-7　通过实现 Runnable 接口的方式创建线程示例（myRunnable.java）

```java
import java.awt.*;
import java.applet.Applet;
public class myRunnable extends Applet implements Runnable
{
    Thread t1,t2;
    int count_a=1,count_b=1,time=3000;
    Label l1,l2;

    public void init()
    {
        t1=new Thread(this,"线程 A");    //创建线程对象 t1
        t2=new Thread(this,"线程 B");    //创建线程对象 t2

        l1=new Label(t1.getName()+"将要开始执行！共执行 5 次，
                        每次执行完毕将休眠"+time+"毫秒。");
        l2=new Label(t2.getName()+"将要开始执行！共执行 5 次，
                        每次执行完毕将休眠"+time+"毫秒。");
        add(l1);
        add(l2);
    }

    public void start()
    {
        t1.start();    //启动 t1
        t2.start();    //启动 t2
    }

    public void run()    //实现 Runnable 接口的 run()方法
    {
        String name;
        while(true)
        {
            if(count_a<=5&&count_b<=5)
            {
                try
                {
                    //获取当前线程对象的名字
                    name=Thread.currentThread().getName();
                    if(name.equals("线程 A"))
                    {
                        l1.setText(name+"第"+count_a+"次执行完毕，
                                        将休眠"+time+"毫秒。");
                        count_a++;
                    }
                    else if(name.equals("线程 B"))
                    {
```

```
                    l2.setText(name+"第"+count_b+"次执行完毕,
                                    将休眠"+time+"毫秒。");
                count_b++;
            }
            Thread.sleep(time);
        }
        catch(InterruptedException e)
        {
            System.out.println("sleep()方法引起了异常! ");
        }
    }
    else
    {
        break;
    }
    }
    }
}
```

程序执行结果如图 9-11 所示。

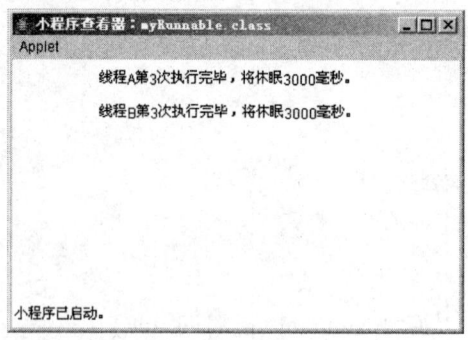

图 9-11　程序执行结果

9.3.3　线程的调度与优先级

1. 线程调度

对于单 CPU 的计算机而言,若需要运行多线程程序,会存在多个线程争夺一个 CPU 资源的情况,因为 CPU 在任意时刻只能执行一条机器指令,每个线程只有获得 CPU 的使用权才能执行指令。对于多 CPU 的计算机而言,当线程数多于 CPU 的个数时,也必然存在多个线程争夺 CPU 的情况。为了解决这个问题,使各线程能够互不干扰地运行,必须提供一种机制来合理地分配 CPU 资源,这种机制就是调度。Java 虚拟机的一项任务就是负责线程的调度,线程调度是指按照特定机制为多个线程分配 CPU 的使用权。

Java 中有两种线程调度模型:抢占式调度模型和轮转调度模型。

抢占式调度模型,是指让处于就绪状态的线程中优先级高的线程先占用 CPU。当处于就绪状态的多个线程的优先级不同时,为了保证优先级高的线程能够先运行,这时采用抢占式调度模型。

轮转调度模型一般是当多个线程具有相同优先级时才被采用,该模型会使所有的线程轮流获得 CPU 的使用权，当一个线程运行结束时，选择就绪队列中排在最前面的线程运行。如果运行中的线程由于某种原因而转入了阻塞状态，则当它恢复到可运行状态后，即被插入到就绪队列的队尾，必须等待前面的线程都被调度运行过一次之后，才有可能再次被调度运行。

一个线程会因为以下原因而放弃 CPU。

1）当前线程调用了自身的 yield()方法，让出了 CPU 资源。

2）当前线程因为某些原因而进入阻塞状态。

3）另一个优先级更高的线程由阻塞状态恢复到可运行状态。

4）线程结束运行。

2. 线程优先级

在 Java 中，线程的优先级是一个 1 到 10 之间的正整数，值越大表示优先级越高，若未设定线程的优先级，则该线程的优先级取默认值 5。

Thread 类有三个表示线程优先级的静态常量：MIN_PRIORITY、MAX_PRIORITY 和 NORM_PRIORITY。其中，MIN_PRIORITY 表示最底的优先级，值为 1；MAX_PRIORITY 表示最高优先级，值为 10；NORM_PRIORITY 表示普通优先级，值为 5。

对于新建的线程，系统会遵循以下原则为其指定优先级。

1）新线程创建时，子线程继承父线程的优先级。

2）新线程创建后，可在程序中通过调用 setPriority()方法来修改线程的优先级。

下面来看一个示例。

例 9-8 线程优先级示例（myPriority.java）

```java
import java.io.*;
public class myPriority
{
    public static void main(String args[])
    {
        TestThread tt1=new TestThread("线程 A");    //创建线程 tt1
        TestThread tt2=new TestThread("线程 B");    //创建线程 tt2
        tt1.setPriority(Thread.MIN_PRIORITY);       //将 tt1 的优先级设为最低
        tt2.setPriority(Thread.MAX_PRIORITY);       //将 tt2 的优先级设为最高
        tt1.start();    //启动 tt1
        tt2.start();    //启动 tt2
    }
}

class TestThread extends Thread
{
    int count=1;
    String name;
    TestThread(String s)
    {
        name=s;
    }
    public void run()
```

```
    {
        while(true)
        {
            if(count<=2)
            {
                System.out.println(name+"第"+count+"次执行完毕。");
                count++;
            }
            else
            {
                break;
            }
        }
    }
}
```

程序执行结果如图 9-12 所示。

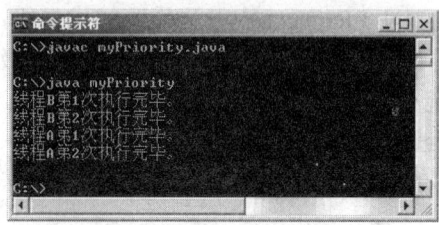

图 9-12　程序执行结果

从运行结果不难看出，虽然 tt1 先启动进入就绪状态，但由于它的优先级低于 tt2，所以它在 tt2 运行结束后才运行。

9.3.4　线程组

在 Java 中，每个线程都隶属于某个线程组（ThreadGroup）。利用线程组，可以对多个线程进行统一管理。例如，同时启动或终止一个线程组中的所有线程。一个线程组不仅可以包含若干个线程，还可以包含其他线程组，从而形成树形结构。编程人员可以在程序中指定一个线程属于某个线程组，若没有指定，则系统会自动将该线程归于 main 线程组。main 线程组是整个树形结构中最高层的组，即根节点，它是由 Java 系统启动时创建的。

在 java.lang 包中有一个 ThreadGroup 类，该类是专门用来创建线程组的，它提供了两种构造函数来创建线程组。

（1）public ThreadGroup (String name)

创建一个名为 name 的线程组。

（2）public ThreadGroup (ThreadGroup parent, String name)

在线程组 parent 中创建一个名为 name 的线程组。

另外，ThreadGroup 类中还提供了一些常用的方法。

（1）getName()

该方法返回线程组的名称。

（2）getParent()

该方法返回本线程组的父线程组。

（3）setMaxPriority (int n)

该方法用来设置线程组的最大优先级。

（4）get MaxPriority()

该方法返回线程组的最大优先级。

（5）activeCount()

该方法返回当前线程组中活动线程的数目。

（6）enumerate (Thread[] list)

该方法把此线程组及其子组中的所有活动线程复制到指定数组中。

（7）enumerate (ThreadGroup [] list)

该方法把对此线程组中的所有活动子组的引用复制到指定数组中。

下面来看一个示例。

例 9-9　线程组示例（myThreadGroup.java）

```java
public class myThreadGroup
{
    public static void main(String[] args)
    {
        //创建并启动两个线程 tt1 和 tt2
        TestThread tt1=new TestThread("线程 A");
        tt1.start();
        TestThread tt2=new TestThread("线程 B");
        tt2.start();

        //创建 ThreadGroup 类的对象 currentGroup
        ThreadGroup currentGroup = Thread.currentThread().getThreadGroup();

        //统计 currentGroup 的活动线程数
        int count = currentGroup.activeCount();
        Thread[] threadList = new Thread[count];
        currentGroup.enumerate(threadList);
        System.out.println("线程组"+currentGroup.getName()+
                            "中共有"+count+"个活动线程: ");
        for (int index = 0; index < count; index++)
        {
            System.out.print("线程" + (index + 1) + "是: ");
            if (threadList[index] != null)
                System.out.println(threadList[index].getName());
            else
                System.out.println("空");
        }
    }
}

class TestThread extends Thread
{
    int count=1;
```

```
    String name;
    TestThread(String s)
    {
        name=s;
    }
    public void run()
    {
        Thread.currentThread().setName(name);
    }
}
```

程序执行结果如图 9-13 所示。

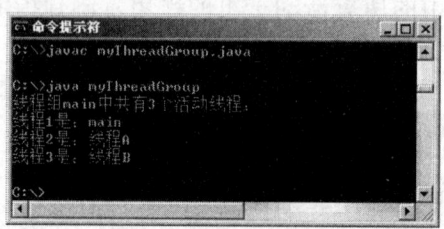

图 9-13   程序执行结果

9.3.5   线程同步

Java 可实现多线程并发运行，这大大提高了计算机的处理效率，然而也带来了一个问题。由于同一个进程的多个线程共享同一块内存空间，因此这些线程之间可以传递信息，但如果处理不当，则有可能会引起冲突。例如，操作系统中的生产者与消费者的问题，只有生产者生产出的产品放入缓冲区中，消费者才能从中拿走产品。若缓冲区中没有产品时，消费者是无法去缓冲区拿产品的；同样，当产品已经堆满缓冲区时，生产者就不应该再生产，而是等待消费者从缓冲区拿走产品去消费，使得缓冲区中有空闲位置时，生产者才能生产。

为了能够协调好各线程并发运行，避免产生冲突，Java 中引入了线程同步机制，用 synchronized 来标注临界区的程序段。当一个线程执行临界区程序时，临界区被加锁，此时，该线程占有该临界区资源，当这段程序执行完毕时，临界区再被释放锁，其他线程才可以访问该临界资源。另外，Java 还提供了 wait()和 notify()这两个方法，执行 wait()方法会使当前正在运行的线程暂时挂起，并放弃占用的资源管理，直到 notify()方法唤醒它。

下面来看一个示例。

例 9-10   线程同步示例（mysynchronized.java）

```
public class mysynchronized
{
    public static void main(String args[])
    {
        Goods g=new Goods();
        Thread t1=new Producer(g);
        Thread t2=new Consumer(g);
        t1.start();
        t2.start();
    }
```

```
}
class Goods
{
    private int i=0;
    private int[] number=new int[3];

    public synchronized void increase(int a)    //生产临界区
    {
        while(i==number.length)              //当数组已满时，停止生产，等待
        {
            try
            {
                wait();
            }
            catch(InterruptedException e){}
        }
        notify();
        number[i]=a;
        i++;
    }

    public synchronized int decrease()    //消费临界区
    {
        while(i==0)                       //当数组已空时，停止消费，等待
        {
            try
            {
                wait();
            }
            catch(InterruptedException e){}
        }
        notify();
        i--;
        return number[i];
    }
}

class Producer extends Thread    //生产者线程
{
    Goods g;
    Producer(Goods g)
    {
        this.g=g;
    }

    public void run()
    {
        for(int i=1;i<=6;i++)
```

```
        {
                g.increase(i);
                System.out.println("生产了一个数字："+i);
                try
                {
                        Thread.sleep(200);
                }
                catch(InterruptedException e){}
        }
    }
}

class Consumer extends Thread    //消费者线程
{
    Goods g;
    Consumer(Goods g)
    {
        this.g=g;
    }

    public void run()
    {
        for(int i=1;i<=6;i++)
        {
                int n=g.decrease();
                System.out.println("消费了一个数字："+n);
                try
                {
                        Thread.sleep(2000);
                }
                catch(InterruptedException e){}
        }
    }
}
```

程序执行结果如图 9-14 所示。

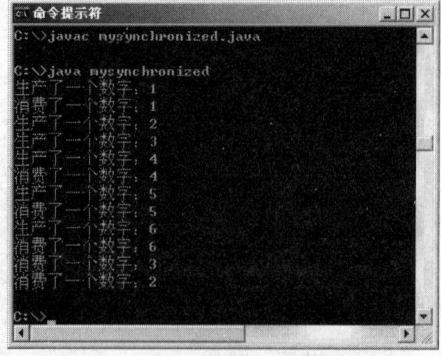

图 9-14 程序执行结果

习　题

1．什么是异常？引入异常机制有什么作用？
2．简述 try-catch-finally 语句的执行过程。
3．简述 throw 和 throws 的作用。
4．简述程序、进程和线程之间的关系。
5．什么是多线程程序？如何在 Java 程序中实现多线程？
6．线程有哪些基本状态？简述线程的生命周期。
7．什么是线程调度？Java 的线程调度采用的是什么策略？
8．简述使用 Thread 子类和实现 Runnable 接口这两种方法的异同。
9．编写一段程序，练习使用 try-catch-finally 语句处理异常。
10．编写程序实现在屏幕上闪烁显示"Hello!Java World!"，间隔时间为 200 毫秒。

第 10 章　Java 网络编程

Java 语言之所以能够风靡全球,其重要原因之一就是它拥有强大的网络功能。用 Java 语言实现计算机网络的底层通信是 Java 网络编程技术中非常重要的一部分。Java 通过 java.net 包实现三种通信模式:Socket 模式、UDP 模式和 URL 模式。本章将着重介绍它们。

10.1　Socket 通信模式

Socket 通常也称做"套接字",用于描述 IP 地址和端口,是 TCP/IP 协议的编程接口。应用程序通常通过"套接字"向网络发出请求或者应答网络请求。Java 中使用的 Socket 采用 TCP 协议,它是一种流式套接字通信,通过提供面向连接的服务,实现客户端与服务器端之间双向可靠的通信。

10.1.1　InetAddress 类

java.net 包中的 InetAddress 类代表一个 IP 地址。该类的定义如下:

```
public final class InetAddress extends Object implements Serializable
```

创建该类的对象时,不是使用通常的构造函数,而是使用该类的几个静态方法,其中常用的有以下两种。

(1) public static InetAddress getLocalHost()

该方法返回代表本机的 InetAddress 对象。

(2) public static InetAddress getByName(String host)

该方法返回代表 host 指定的一台主机的 InetAddress 对象。如果参数为空,则默认为本机。

另外,InetAddress 类还提供了两个方法分别用来获取主机的 IP 地址和名称。

(1) public String getHostAddress()

该方法返回主机的 IP 地址。

(2) public String getHostName()

该方法返回主机的名称。

下面来看一个示例。

例 10-1　InetAddress 示例(myInetAddress.java)

```java
import java.net.InetAddress;
public class myInetAddress
{
    public static void main(String args[]) throws Exception {
```

```
        InetAddress ia;     //创建 InetAddress 对象 ia
        ia = InetAddress.getLocalHost();   //获得本地主机的 InetAddress 对象

        //输出本地主机 IP
        System.out.println("本地主机 IP：" + ia.getHostAddress());

        //输出本地主机名
        System.out.println("本地主机名：" + ia.getHostName());

        //获得 sina 网主机的 InetAddress 对象
        ia = InetAddress.getByName("www.sina.com");

        //输出 sina 网主机 IP
        System.out.println("sina 网主机 IP：" + ia.getHostAddress());

        //输出 sina 网主机名
        System.out.println("sina 网主机名：" + ia.getHostName());
    }

}
```

程序执行结果如图 10-1 所示。

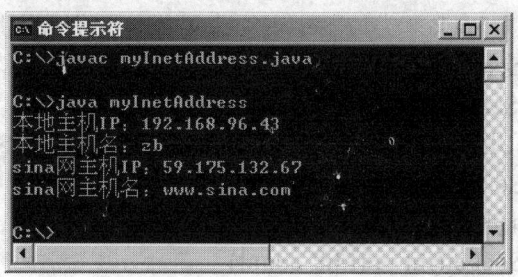

图 10-1　程序执行结果

10.1.2　Socket 通信机制

Socket 通信是一种基于连接的通信，在两台计算机之间建立一个双向的通信链路，建立连接的两端分别被称为客户端（Client）和服务器端（Server），每一端就称为一个 Socket。一个客户端只能连接服务器端的一个端口，而服务器端可以有多个端口，不同的端口使用不同的端口号，以提供不同的服务。服务器端程序监听所有的端口，当客户端请求与服务器端某个端口建立连接时，服务器端就将 Socket 连接到该端口上，从而建立了一个专用的虚拟连接。当通信结束时，再将该虚拟连接拆除。

图 10-2 表示了 Socket 通信机制。从图中可以看到，Server 端首先创建一个 ServerSocket 对象在某个端口提供监听 Client 请求的监听服务；当 Client 端向 Server 端的该端口提出服务请求时，它们之间就建立了一个连接，进而进行数据通信；当通信结束时，它们之间的连接也就被拆除。

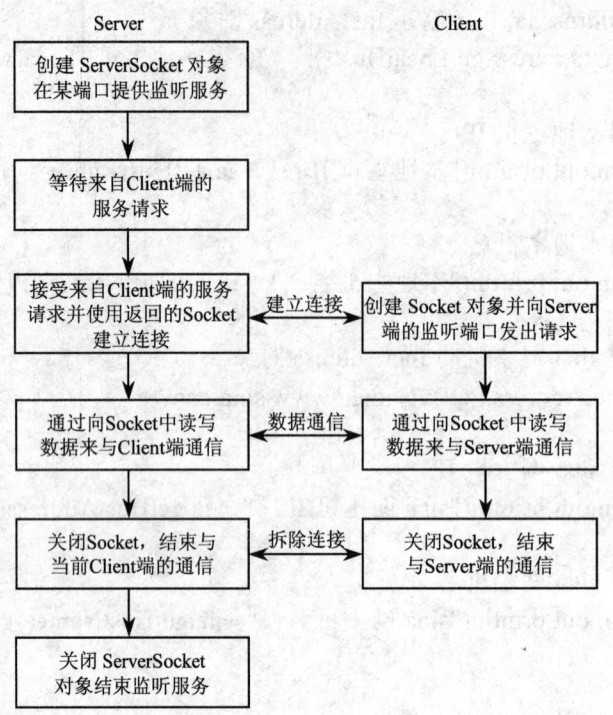

图 10-2　Socket 通信机制

10.1.3　Socket 类与 ServerSocket 类

在图 10-2 中提到了 Socket 类与 ServerSocket 类，它们分别用于服务器端和客户端的 Socket 通信，创建一个 ServerSocket 对象就是创建了一个监听服务，创建一个 Socket 对象也就创建了一个 Client 与 Server 之间的连接。

Java 中提供了如下几种构造函数来创建 Socket 类和 ServerSocket 类的对象。

（1）public ServerSocket(int port)

在指定的 port 端口创建一个 ServerSocket 对象。

（2）public ServerSocket(int port,int count)

在指定的 port 端口创建一个所能支持的最大链接数为 count 的 ServerSocket 对象。

（3）public Socket(InetAddress address,int port)

使用指定的 port 端口和本地 IP 地址创建一个 Socket 对象。

（4）public Socket(InetAddress address,int port,boolean stream)

使用指定的 port 端口和本地 IP 地址创建一个 Socket 对象，若 stream 的值为 true，则采用流式通信方式。

（5）public Socket(String host,int port)

使用指定的 port 端口和 host 主机创建 Socket 对象。

（6）public Socket(String host,int port,boolean stream)

使用指定的 port 端口和 host 主机创建 Socket 对象，若 stream 的值为 true，则采用流式通信方式。

例如：

```
ServerSocket ss new ServerSocket(8000);
```

该语句创建了一个 ServerSocket 对象 ss，并指定提供监听服务的端口号为 8000。

Socket soc=new Socket("127.0.0.1",8000);

该语句创建了一个 Socket 对象 s，并第一个参数表示欲连接到 Server 计算机的主机地址（此处表示本机），第二个参数表示该 Server 计算机上提供服务的端口号。

在建立好连接后，可以使用 Socket 类中的 getInputStream()方法和 getOutputStream()方法获取向 Socket 对象读/写数据的 I/O 流。例如：

```
try
{
    InputStream is = soc. getInputStream();
    OutputStream os = soc. getOutputStream();
}
catch (Exception e)
{
    System.out.println("Error:"+e);
}
```

获取 Socket 对象的 I/O 流后，下一步就可以进行读/写数据流的操作。例如：

```
is.read();
os.write();
```

当通信结束时，无论是 Server 端还是 Client 端，都应该断开连接并释放所占用的资源。这时可以使用 close()方法来实现。例如：

```
is.close();
os.close();
```

下面通过一个示例来加深对 Socket 类和 ServerSocket 类的认识。

例 10-2 Socket 通信模式示例（myServerSocket.java 和 mySocket.java）

```
//服务器端程序 myServerSocket.java
import java.io.*;
import java.net.*;

public class myServerSocket
{
    static int port=8000;
    public static void main(String args[])
    {
        String s;
        try
        {
            ServerSocket ss=new ServerSocket(port);      //创建监听对象
            System.out.println("Server 端： "+ss);

            //下面的 accept()方法使 Server 端的程序处于等待状态，直到
            //捕捉到一个 Client 端的请求，此时它返回一个与该 Client 通信的
            //Socket 对象 soc，此后 Server 端程序只需向 soc 读写数据，即可实
            //现向 Client 端读写数据
            Socket soc=ss.accept();
```

```
                System.out.println("Socket:"+soc+"\n");

                //获取 Socket 的输入/输出流
                InputStream is = soc.getInputStream();
                OutputStream os = soc.getOutputStream();

                //读/写数据流
                InputStreamReader isr=new InputStreamReader(is);
                BufferedReader br=new BufferedReader(isr);
                PrintStream ps=new PrintStream(os);
                InputStreamReader user_isr=new InputStreamReader(System.in);
                BufferedReader user_br=new BufferedReader(user_isr);

                while(true)
                {
                    s=br.readLine();     //读取 Client 端发送过来的字符串
                    System.out.println("Client 端发送来的字符串是："+s+"\n");
                    if(s.equals("Bye"))
                        break;
                    System.out.print("向 Client 端发送字符串：");
                    s=user_br.readLine();
                    System.out.println();
                    ps.println(s);            //向 Client 端发送字符串
                    if(s.equals("Bye"))
                        break;
                }
                soc.close();
                ss.close();
            }
            catch(Exception e)
            {
                System.out.println("出现异常:"+e);
            }
        }
}

//客户端程序 mySocket.java
import java.io.*;
import java.net.*;

public class mySocket
{
    public static void main(String[] args)
    {
        String s;
        try
        {
            InetAddress ia=InetAddress.getByName("127.0.0.1");
            Socket soc=new Socket(ia,8000);
```

```
System.out.println("Socket:"+soc+"\n");

//获取 Socket 的输入/输出流
InputStream is=soc.getInputStream();
OutputStream os = soc. getOutputStream();

//读/写数据流
InputStreamReader isr=new InputStreamReader(is);
BufferedReader br=new BufferedReader(isr);
PrintStream ps=new PrintStream(os);
InputStreamReader user_isr=new InputStreamReader(System.in);
BufferedReader user_br=new BufferedReader(user_isr);
while(true)
{
    System.out.print("向 Server 端发送字符串：");
    s=user_br.readLine();
    System.out.println();
    ps.println(s);          //向 Server 端发送字符串
    if(s.equals("Bye"))
        break;
    s=br.readLine();   //读取 Server 端发送过来的字符串
    System.out.println("Server 端发送来的字符是："+s+"\n");
    if(s.equals("Bye"))
        break;
}
    soc.close();
}
catch(Exception e)
{
    System.out.println("出现异常:"+e);
}
}
}
```

程序执行时，首先执行服务器端的程序，然后再打开一个命令行窗口执行客户端程序。程序执行结果如图 10-3 所示。

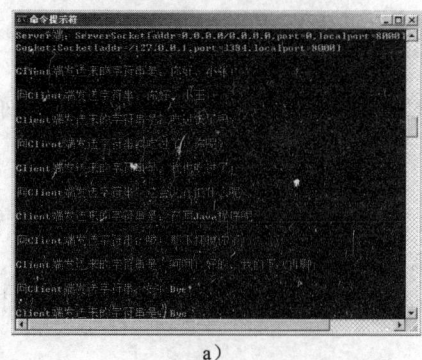 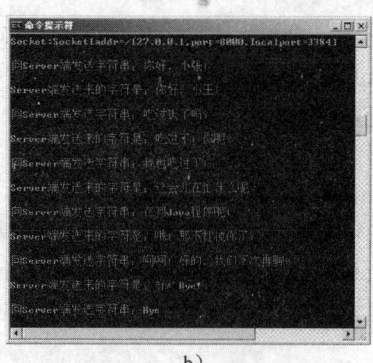

a)   b)

图 10-3 程序执行结果

a）服务器端运行结果 b）客户端运行结果

225

10.2 UDP 通信模式

流式 Socket 可以实现准确、同步、可靠的通信，但占用的资源较多，在某些对传送的顺序和内容准确性要求不高的情况下，采用这种模式进行通信必然会浪费大量资源。这时可以考虑使用无连接的数据报模式。

数据报通信是无连接的远程通信，它采用的是用户数据报协议（User Datagram Protocol，UDP），当两个程序进行通信时不必建立连接，数据以独立的包为单位发送，不保证传送顺序和内容的准确性。

Java.net 包中有两个用于 UDP 通信的类：DatagramPacket 和 DatagramSocket。其中，DatagramPacket 类用于读取数据，DatagramSocket 类用于数据报的发送和接收。

10.2.1 DatagramPacket 类

DatagramPacket 类用于实现无连接的数据报通信，它有两个常用的构造函数，分别对应发送数据报和接收数据报。

（1）public DatagramPacket(byte[] buf,int length,InetAddress addr,int port)

该构造函数用于创建发送数据报的对象。其中，buf 表示存放将要发送的数据报的字节数组，length 表示字节数组的长度，addr 表示接收者的 IP 地址，port 表示本数据报发送到目标主机的端口号。

（2）public DatagramPacket(byte[] buf,int length)

该构造函数用于创建接收数据报的对象。其中，buf 表示接收数据报的字节数组，length 表示所要接收的数据报的长度。

另外，DatagramPacket 类还定义了一些常用的方法。

（1）byte[] getData()

该方法返回数据报中发送或接受的数据。

（2）InetAddress getAddress()

该方法返回远程主机的 IP 地址。

（3）int getPort()

该方法返回远程主机的端口号。

10.2.2 DatagramSocket 类

DatagramSocket 类用于数据报的发送和接收，它有三个常用的构造函数。

（1）public DatagramSocket()

该构造函数创建一个数据报 Socket 对象，并将它连接到本地主机的任何一个可用端口上。

（2）public DatagramSocket(int port)

该构造函数创建一个数据报 Socket 对象，并将它连接到本地主机的 port 端口上。

（3）public DatagramSocket(int port,InetAddress addr)

该构造函数创建一个数据报 Socket 对象，并将它连接到 IP 地址为 addr 的主机的 port 端口上。

另外，DatagramSocket 类还定义了一些常用的方法。

（1）void receive(DatagramPacket dp)

该方法使程序线程处于阻塞状态，直到从当前 Socket 中接收到数据报文和发送者等信息。接收到的信息存储在参数 dp 的存储机构中。

（2）void send(DatagramPacket dp)

该方法将参数 dp 中包含的数据报文发送到指定的 IP 地址主机的指定端口。

（3）int getLocalPort()

该方法返回本地主机的端口号。

10.2.3　UDP 的通信机制

数据报的发送过程主要包括以下两个步骤。

1）创建一个用于发送数据报的 DatagramPacket 对象。

2）在指定的或本机可用的端口创建 DatagramSocket 对象，调用该对象的 send()方法，以上一步创建的 DatagramPacket 对象为参数发送数据报。

数据报的接受过程也主要分为两步。

1）创建一个用于接收数据报的 DatagramPacket 对象。

2）在指定的或本机可用的端口创建 DatagramSocket 对象，调用该对象的 receive()方法，以上一步创建的 DatagramPacket 对象为参数接收数据报。

下面通过一个示例来加深对 UDP 通信模式的认识。

例 10-3　UDP 通信模式示例（myUDPServer.java 和 myUDPClient.java）

```java
//服务器端程序 myUDPServer.java
import java.io.*;
import java.lang.*;
import java.net.*;
public class myUDPServer
{
    private DatagramSocket ds;
    private DatagramPacket dp;
    private byte rb[];
    private String s;

    public myUDPServer()

    {
        try
        {
            ds=new DatagramSocket(8000);
            rb=new byte[1024];
            dp=new DatagramPacket(rb,rb.length);
            s="";
            int i=0;
            while(i==0)//无数据，则循环
            {
                ds.receive(dp);
                i=dp.getLength();
                //接收数据
```

```
                    if(i>0)
                    {
                        s=new String(rb,0,dp.getLength());
                        System.out.println("Client 端发送来的字符串："+s+"\n");
                        i=0;    //循环接收

                        if(s.equals("Bye"))
                        {
                            break;
                        }
                    }
                }
                ds.close();    //关闭 DatagramSocket 对象
            }
            catch(Exception e)
            {
                e.printStackTrace();
            }
        }

    public static void main(String args[])
    {
        new myUDPServer();
    }
}


//客户端程序 myUDPClient.java
import java.io.*;
import java.lang.*;
import java.net.*;

public class myUDPClient
{
    private DatagramSocket ds;
    private DatagramPacket dp;
    private byte sb[];
    private String s;

    public myUDPClient()
    {
        try
        {
            //指定端口号，避免与其他应用程序发生冲突
            ds=new DatagramSocket(10002);
            sb=new byte[1024];
            InputStreamReader isr=new InputStreamReader(System.in);
```

```
        BufferedReader br=new BufferedReader(isr);

        while(true)
        {
            System.out.print("向 Server 端发送字符串：");
            s=br.readLine();
            System.out.println();

            sb=s.getBytes();
            dp=new DatagramPacket(
                sb,sb.length,InetAddress.getByName("localhost"),8000);

            ds.send(dp);

            if(s.equals("Bye"))
                break;
        }
        ds.close();    //关闭 DatagramSocket 对象
    }
    catch(SocketException se)
    {
        se.printStackTrace();
    }
    catch(IOException ie)
    {
        ie.printStackTrace();
    }
}

public static void main(String args[])
{
    new myUDPClient();
}
}
```

程序执行时，首先执行服务器端的程序，然后再打开一个命令行窗口执行客户端程序。在客户端输入相应的字符串，服务器端会显示由客户端传送来的字符串。程序执行结果如图 10-4 所示。

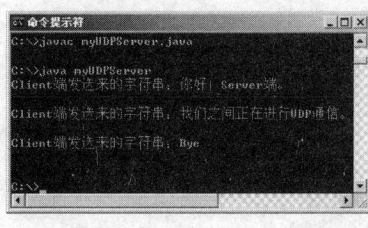 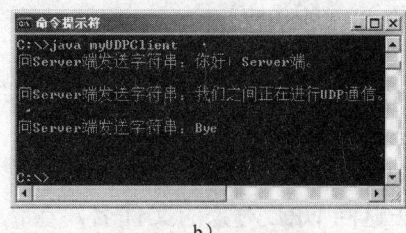

a)   b)

图 10-4 程序执行结果

a）服务器端运行结果 b）客户端运行结果

10.3   URL 通信模式

URL（Uniform Resource Locator）是统一资源定位符的简称。它是用于完整地描述 Internet 上网页和其他资源的地址的一种标志方法。Internet 上的每一个网页都具有一个唯一的名称标志，通常称之为 URL 地址，这种地址可以是本地磁盘，也可以是局域网上的某一台计算机，更多的是 Internet 上的站点。简单地说，URL 就是 Web 地址，俗称"网址"。一个 URL 一般由四部分组成：协议类型、主机名、端口号和文件名。例如，http://www.jccug.com/index.aspx，在该网址中，http 表示协议类型，www.jccug.com 表示主机名，index.aspx 表示文件名。此处没有出现端口号，协议名与端口号之间一般有一定的联系，例如，http 协议的默认端口号是 80，ftp 协议的默认端口号是 21，所以当使用某协议的默认端口号时，可以不写出端口号。

java.net 包中提供了两个用来实现 URL 通信的类：URL 类和 URLConnection 类。下面将分别介绍这两个类。

10.3.1   URL 类

使用 URL 类进行编程时，首先要创建它的对象。URL 类中提供了四种构造函数。

（1）public URL(String spec)

该构造函数使用网址字符串 spec 来创建一个 URL 对象。

（2）public URL(String protocol, String host, String file)

该构造函数使用指定的协议类型 protocol、主机名 host 和文件名 file 来创建一个 URL 对象，端口采用默认值。

（3）public URL(String protocol, String host, int port, String file)

该构造函数使用指定的协议类型 protocol、主机名 host、端口 port 和文件名 file 来创建一个 URL 对象。

（4）public URL(URL context, String spec)

该构造函数在已有的 URL 地址 context 的基础上，创建一个文件名为 spec 的 URL 对象。例如：

```
URL myURL1 = new URL("http://www.jccug.com/");
URL myURL2 = new URL(myURL1,"index.aspx");
```

这里的 myURL2 表示的 URL 地址为：http://www.jccug.com/index.aspx。

另外，URL 类还定义了一些常用的方法。

（1）String getProtocol()

该方法返回 URL 对象的协议类型。

（2）String getHost()

该方法返回 URL 对象的主机名。

（3）int getPort()

该方法返回 URL 对象的端口号。

（4）String getFile()

该方法返回 URL 对象的文件名。

（5）InputStream openStream()

该方法返回一个输入流对象。

（6）boolean equals(Object obj)

该方法将当前 URL 对象与 obj 进行比较，若两者相同则返回 true，否则返回 false。

（7）String toString()

该方法将当前 URL 对象转换成字符串形式。

下面通过一个示例来加深对 URL 类的认识。

例 10-4　URL 类应用示例（myURL.java）

```java
import java.net.*;
import java.io.*;
public class myURL
{
    public static void main(String args[])
    {
        URL u;
        InputStreamReader isr;
        BufferedReader br;
        String s1="",s2="";
        try
        {
            u=new URL("http://www.jccug.com/index.aspx");    //创建 URL 对象
            System.out.println("网址："+u.toString());          //URL 对象转换成
                                                              字符串
            System.out.println("协议类型："+u.getProtocol()); //获取协议类型
            System.out.println("主机名："+u.getHost());       //获取主机名
            System.out.println("端口号："+u.getPort());       //获取端口号
            System.out.println("文件名："+u.getFile());       //获取文件名
            isr=new InputStreamReader(u.openStream());        //读取输入流
            br=new BufferedReader(isr);
            while(true)
            {
                s1=br.readLine();
                if(s1!=null)
                {
                    s2+=s1;
                }
                else
                {
                    break;
                }
            }
            System.out.println("读取信息的前 160 个字符：");
            System.out.println(s2.substring(0,160));    //显示获取的信息
            br.close();
        }
        catch(MalformedURLException e)
        {
```

```
            System.out.println("URL 异常：" +e);
        }
        catch(IOException e)
        {
            System.out.println("I/O 异常：" +e);
        }
    }
}
```

程序执行结果如图 10-5 所示。

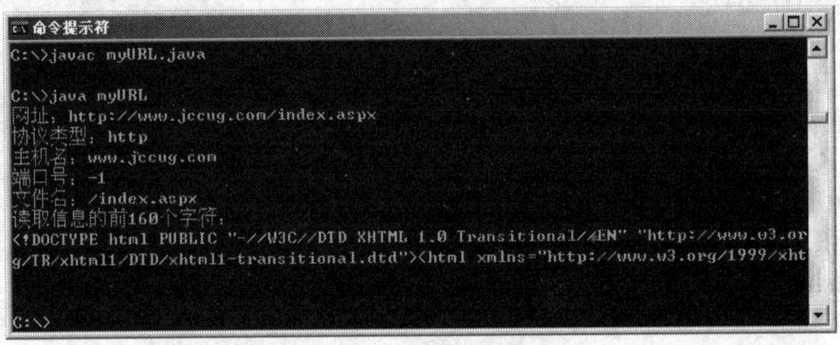

图 10-5　程序执行结果

10.3.2　URLConnection 类

使用 URL 类只能读取远程计算机节点的信息，但如果希望在读取信息的同时，还能够向远程计算机节点发送信息，就需要用到 java.net 包中的另一个类 URLConnection。

URLConnection 类是一个抽象类，它代表与 URL 指定的数据源的动态连接，此类的实例可用于读取和写入此 URL 引用的资源。在创建 URLConnection 对象前，必须先创建一个 URL 对象，然后调用该 URL 对象的 openConnection()方法返回一个对应其 URL 地址的 URLConnection 对象。例如：

URL myURL = new URL("http://www.jccug.com/index.aspx");
URLConnection uc = myURL. openConnection();

在 URLConnection 类中提供了对 URL 资源进行读写的相关方法。例如：

（1）getInputStream()

该方法返回从 URL 节点获取数据的输入流。

（2）getOutputStream()

该方法返回向 URL 节点传送数据的输出流。

例如：

InputStream is=uc.getInputStream();

OutputStream os=uc.getOutputStream();

PrintStream ps=new PrintStream(os);

InputStreamReader isr=new InputStreamReader(is);

BufferedReader br=new BufferedReader(isr);

若要读取远程计算机节点的信息，可使用 br.readLine()方法，向远程计算机节点写入信息时。可使用 ps.println()方法。

下面来看一个示例。

例 10-5　URLConnection 类应用示例（myURLConnection.java）

```java
import java.net.*;
import java.io.*;
public class myURLConnection
{
    public static void main(String args[])
    {
        String s1="",s2="";
        try
        {
            //创建 URL 对象
            URL myURL=new URL("http://www.jccug.com/index.aspx");

            //通过 URL 对象来创建 URLConnection 对象
            URLConnection uc=myURL. openConnection();

            InputStream is=uc.getInputStream();
            InputStreamReader isr=new InputStreamReader(is);
            BufferedReader br=new BufferedReader(isr);

            while(true)
            {
                s1=br.readLine();
                if(s1!=null)
                {
                    s2+=s1;
                }
                else
                {
                    break;
                }
            }
            System.out.println("读取信息的前 160 个字符：");
            System.out.println(s2.substring(0,160));    //显示获取的信息
            br.close();
        }
        catch(MalformedURLException e)
        {
            System.out.println("URL 异常："+e);
        }
        catch(IOException e)
        {
            System.out.println("I/O 异常："+e);
        }
    }
}
```

程序执行结果如图 10-6 所示。

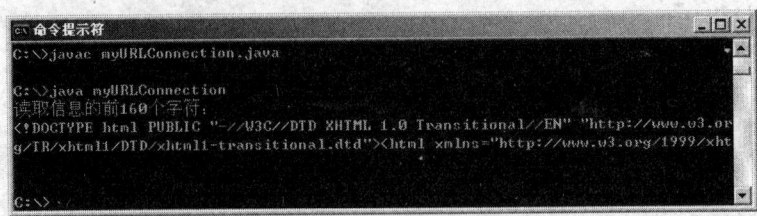

图 10-6　程序执行结果

习　题

1. 简述流式套接字 Socket 的基本工作原理。
2. 简述无连接数据报的基本工作原理。
3. URL 对象有何作用？URLConnection 类与 URL 类相比，功能上有哪些增强？
4. 编写程序：接受用户输入的主机名，然后将这个主机的 IP 地址显示出来。
5. 采用套接字的连接方式编写一个程序，允许客户向服务器发送一个文件的名字，若存在，就将文件的内容发送回客户，否则显示文件不存在。

第 11 章　Java 数据库应用

随着社会信息化进程的不断加快，以数据库为核心的信息系统在各个行业得到了广泛的应用。Java 在数据库应用系统的开发中已成为主流技术，面向数据库的应用已成为 Java 的主要应用领域之一。本章将详细介绍 Java 数据库应用。

11.1　数据库基础

11.1.1　数据库概述

数据库（Database）是按照数据结构来组织、存储和管理数据的仓库，它产生于距今 50 年前。随着信息技术和市场的发展，特别是 20 世纪 90 年代以后，数据管理不再仅仅是存储和管理数据，而转变成用户所需要的各种数据管理的方式。数据库有很多种类型，从最简单的存储各种数据的表格到能够进行海量数据存储的大型数据库系统都在各个方面得到了广泛的应用。

数据库的历史可以追溯到 50 年前，那时的数据管理非常简单。通过大量的分类、比较和表格绘制的机器运行数百万穿孔卡片来进行数据的处理，其运行结果在纸上打印出来或者制成新的穿孔卡片。而数据管理就是对所有这些穿孔卡片进行物理的存储和处理。然而，1951 年雷明顿兰德公司（Remington Rand Inc.）的一种叫做 Univac I 的计算机推出了一种一秒钟可以输入数百条记录的磁带驱动器，从而引发了数据管理的革命。1956 年 IBM 生产出第一个磁盘驱动器——the Model 305 RAMAC。此驱动器有 50 个盘片，每个盘片直径是 2 英尺（1 英尺=0.3048 米），可以储存 5 MB 的数据。使用磁盘最大的好处是可以随机地存取数据，而穿孔卡片和磁带只能顺序存取数据。

数据库系统的萌芽出现于 20 世纪 60 年代。当时计算机开始广泛地应用于数据管理，对数据的共享提出了越来越高的要求。传统的文件系统已经不能满足人们的需要，能够统一管理和共享数据的数据库管理系统（DBMS）应运而生。数据模型是数据库系统的核心和基础，各种 DBMS 软件都是基于某种数据模型的。所以通常也按照数据模型的特点将传统数据库系统分成网状数据库、层次数据库和关系数据库三类。

网状数据库和层次数据库已经很好地解决了数据的集中和共享问题，但是在数据独立性和抽象级别上仍有很大欠缺。用户在对这两种数据库进行存取时，仍然需要明确数据的存储结构，指出存取路径。而后来出现的关系数据库较好地解决了这些问题。

1970 年，IBM 的研究员 E.F.Codd 博士在刊物 "Communication of the ACM" 上发表了一篇名为 "A Relational Model of Data for Large Shared Data Banks" 的论文，提出了关系模型的概念，奠定了关系模型的理论基础。1976 年霍尼韦尔公司（Honeywell）开发了第一个商用关系数据库系统——Multics Relational Data Store。关系型数据库系统以关系代数为坚实的理论基础，经过几十年的发展和实际应用，技术越来越成熟和完善。如今，关系型数据库系统已成为数据库中的主流，其代表产品有 Oracle、IBM 公司的

DB2、微软公司的 MS SQL Server 等。

11.1.2 SQL 语言

SQL（Structured Query Language）结构化查询语言是一种数据库查询和程序设计语言，用于存取数据以及查询、更新和管理关系数据库系统。

SQL 是高级的非过程化编程语言，允许用户在高层数据结构上工作。它不要求用户指定对数据的存放方法，也不需要用户了解具体的数据存放方式，所以具有完全不同底层结构的不同数据库系统，可以使用相同的 SQL 语言作为数据输入与管理的接口。SQL 语言结构简洁、功能强大、简单易学。自从 IBM 公司于 1981 年推出以来，SQL 语言得到了广泛的应用。如今无论是 Oracle、Sybase、DB2、Informix、SQL Server 这些大型的数据库管理系统，还是 Visual Foxpro、PowerBuilder 这些计算机上常用的数据库开发系统，都支持 SQL 语言作为查询语言。

SQL 语言包含以下四个部分。

1）数据定义语言，例如，CREATE TABLE 等。

2）数据操作语言，例如，INSERT（插入）、UPDATE（修改）、DELETE（删除）。

3）数据查询语言，例如，SELECT。

4）数据控制语言，例如，GRANT、REVOKE、COMMIT、ROLLBACK 等。

下面以 Access 数据库为例，简单介绍一下几种常用的 SQL 语句。

1. 创建、修改和删除数据表

（1）创建数据表

当需要创建一个新的数据表时，可以使用 CREATE TABLE 语句。例如：

```
CREATE TABLE student
( number char(10) primary key,
  name char(10),
  sex char(1),
  class_number char(8))
```

该语句创建了一个名为 student 的新表，其字段包括 number、name、sex 和 class_number。其中，number 的数据类型为 char，宽度为 10，并将其定义为主键；name 的数据类型为 char，宽度为 10；sex 的数据类型为 char，宽度为 1；class_number 的数据类型为 char，宽度为 8。

（2）修改数据表

在创建了数据表后，可能需要修改表结构，这时可以使用 ALTER TABLE 语句。例如：

```
ALTER TABLE student ADD mark integer)
```

该语句在原有数据表 student 中增加了一个字段 mark，该字段的数据类型为 integer（整数型）。

（3）删除数据表

若不再需要此数据表，可以使用 DROP TABLE 语句将该数据表删除。例如：

```
DROP TABLE student
```

该语句将名为 student 的数据表删除，表中的数据不复存在。

2. 数据维护

数据维护是指对表中数据进行添加、修改和删除操作。

（1）添加数据

当需要向表中添加数据时，可以使用 INSERT 语句。例如：

INSERT INTO student(number, name, sex, class_number,
mark) VALUES('2300080101','张三','m', '23000801',80)

该语句向表 student 中添加了一条记录，对应 number 字段的值为"2300080101"，对应 name 字段的值为"张三"，对应 sex 字段的值为"m"，对应 class_number 字段的值为"23000801"，对应 mark 字段的值为 80。

（2）修改数据

当需要修改表中数据时，可以使用 UPDATE 语句。例如：

UPDATE student SET name='李四',mark=90 WHERE number='2300080101'

该语句将 number 字段值为"2300080101"的记录的 name 值改为"李四"、mark 值改为 90。

（3）删除数据

当需要删除表中数据时，可以使用 DELETE 语句。例如：

DELETE FROM student WHERE number='2300080101'

该语句将 number 字段值为"2300080101"的记录从表中删除。

3．数据查询

数据查询是指按照某种条件，在数据表中查找符合该条件的记录。在 SQL 语言中使用 SELECT 语句实现。假设现有如下两个数据表：

学生表：student(number,name,sex,class_number,mark)

班级表：class(number,name)

下面以这两个表来进行查询。例如：

SELECT * FROM student

该语句查找 student 表中的所有记录，并显示所有字段。

SELECT number,name,mark FROM student WHERE mark > 60

该语句查找 student 表中所有 mark 值大于 60 的记录，并显示 number、name 和 mark 这三个字段。

SELECT number,name,mark FROM student WHERE mark > 60 AND sex='m'
ORDER BY number

该语句查找 student 表中所有 mark 值大于 60 并且 sex 值为"m"的记录，显示 number、name 和 mark 这三个字段，查询结果按 number 值升序排列。

SELECT number,name,mark FROM student WHERE mark BETWEEN 60 AND 80
ORDER BY number DESC

该语句查找 student 表中所有 mark 值介于 60 与 80 之间的记录，显示 number、name 和 mark 这三个字段，查询结果按 number 值降序排列。

SELECT number,name,mark FROM student WHERE name LIKE '张?'

该语句查找 student 表中所有 name 值中第一个字符是"张"，且"张"字后面有一个任意字符的记录，显示 number、name 和 mark 这三个字段。

SELECT number,name,mark FROM student WHERE name LIKE '张*'

该语句查找 student 表中所有 name 值中第一个字符是"张"，且"张"字后面有多个任意字符（包括 0 个）的记录，即查找所有姓"张"的学生的记录，显示 number、

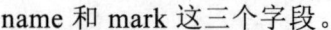

name 和 mark 这三个字段。

> SELECT student .number, student .name,mark FROM student,class
> WHERE student.class_number=class.number AND class.name= '11 级计算机 1 班'
> ORDER BY student .number

该语句实现了多表查询,将 student 和 class 两个数据表通过条件子句 WHERE 中的"student.class_number=class.number"连接在一起进行查询。该语句的意思是查找 student 表中 class_number 的字段值与 class 表中 number 的字段值相等,并且 class 表中的 name 字段值为"11 级计算机 1 班"的记录,显示字段为 student 表中的 number、name 和 mark 这三个字段,查询结果按 student 表中的 number 值升序排列。

另外,SQL 语句还提供了一些用于统计函数,其中常用的有以下几种。

（1）SUM(字段名)

求该列字段值的总和。

（2）AVG(字段名)

求该列字段值的平均值。

（3）MAX(字段名)

求该列字段值的最大值。

（4）MIN(字段名)

求该列字段值的最小值。

（5）COUNT(字段名)

求该列字段中非空值的个数。

（6）COUNT(*)

统计行数。

下面来看几个例子。

> SELECT COUNT(*) FROM student WHERE mark > 60

该语句统计 student 表中 mark 值大于 60 的记录个数。

> SELECT MAX(mark) FROM student

该语句统计 student 表中 mark 字段的最大值。

> SELECT AVG(mark) FROM student

该语句统计 student 表中 mark 字段的平均值。

11.2 利用 JDBC 访问数据库

11.2.1 JDBC 概述

JDBC（Java Data Base Connectivity,Java 数据库连接）是一种用于执行 SQL 语句的 Java API,可以为多种关系数据库提供统一访问,它由一组用 Java 语言编写的类和接口组成。JDBC 为工具/数据库开发人员提供了一个标准的 API,据此可以构建更高级的工具和接口,使数据库开发人员能够用纯 Java API 编写数据库应用程序。

有了 JDBC,向各种关系数据发送 SQL 语句就是一件很容易的事。换言之,有了 JDBC API,就不必为访问 Sybase 数据库专门写一个程序,为访问 Oracle 数据库又专门写一个程序,或为访问 Informix 数据库又编写另一个程序,等等,程序员只需用 JDBC API 写一个程序即可,它可向相应数据库发送 SQL 调用。同时,将 Java 语言和 JDBC 结合起来使程序员不必为不同的平台编写不同的应用程序,只须写一遍程序就可以让它在任何平台上运行，这也是 Java 语言"编写一次，处处运行"的优势。

JDBC 体系结构是用于 Java 应用程序连接数据库的标准方法。JDBC 对 Java 程序员而言是 API，对实现与数据库连接的服务提供商而言是接口模型。作为 API，JDBC 为程序开发提供标准的接口，并为数据库厂商及第三方中间件厂商实现与数据库的连接提供了标准方法。JDBC 使用已有的 SQL 标准并支持与其他数据库连接标准，如 ODBC 之间的桥接。JDBC 实现了所有这些面向标准的目标并且具有简单、严格类型定义且高性能实现的接口。

图 11-1 展示了 JDBC 的基本结构。

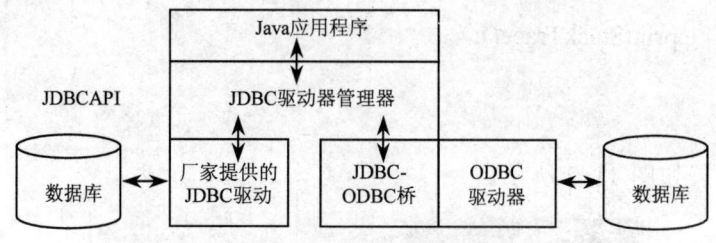

图 11-1　JDBC 的基本结构

简单地说，JDBC 访问数据库主要分三步：与数据库建立连接、发送操作数据库的 SQL 语句、处理语句执行的结果。下面先来看一个示例，该程序访问的是 Access 数据库。

例 11-1　JDBC 应用示例（myJDBC.java）

```java
import java.sql.*;
public class myJDBC
{
    public static void main(String args[])
    {
        Connection conn=null;
        String spath="c:\\db_stu.mdb";        //Access 数据库路径
        String sql="select * from student";   //SQL 查询语句
        Statement stmt;                        //语句对象，可接受和执行一条 SQL 语句
        ResultSet rs;                          //结果记录集，用于保存查询后返回的结果

        //数据库连接字符串
        String url ="jdbc:odbc:Driver=
            {Microsoft Access Driver (*.mdb)};DBQ="+spath;
        try
        {
            //注册数据库驱动程序
            DriverManager.registerDriver(new sun.jdbc.odbc.JdbcOdbcDriver());
            //建立连接
            conn= DriverManager.getConnection(url);
            stmt=conn.createStatement();
            rs=stmt.executeQuery(sql);    //执行查询语句并返回结果

            while(rs.next())              //循环显示结果
```

```
            {
                System.out.print(rs.getString("number")+" ");
                System.out.print(rs.getString("name")+" ");
                System.out.print(rs.getString("sex")+" ");
                System.out.print(rs.getString("class_number")+" ");
                System.out.println(rs.getInt("mark")+" ");
            }
        }
        catch(Exception e)
        {
            e.printStackTrace();
        }
    }
}
```

程序执行结果如图 11-2 所示。

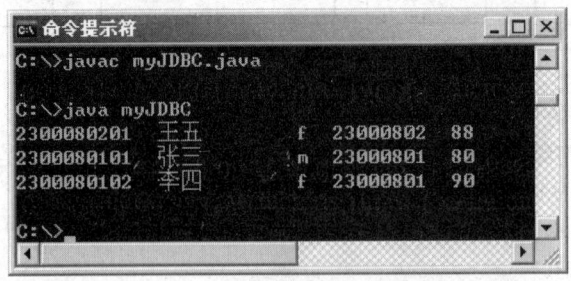

图 11-2 程序执行结果

例 11-1 程序是一个典型的 JDBC 访问数据库程序。在程序运行之前，先在 C 盘根目录下创建一个 Access 数据库文件 db_stu.mdb，其中包含一个数据表 student，表结构为 student(number,name,sex,class_number,mark)。

11.2.2 JDBC 的四种驱动程序

JDBC 的驱动程序可分为以下四种。

（1）JDBC-ODBC Bridge

桥接器型的驱动程序，这类驱动程序的特色是必须在使用者端的计算机上事先安装好 ODBC 驱动程序，然后通过 JDBC-ODBC 的调用方法，进而通过 ODBC 来存取数据库。

（2）JDBC-Native API Bridge

这也是桥接器驱动程序之一，这类驱动程序也必须先在使用者计算机上先安装好特定的驱动程序（类似 ODBC），然后通过 JDBC-Native API 桥接器的转换，把 Java API 调用转换成特定驱动程序的调用方法，进而存取数据库。

（3）JDBC-middleware

该类型的驱动程序最大的好处就是省去了在使用者计算机上安装任何驱动程序的麻烦，只需在服务器端安装好 middleware，而 middleware 会负责所有存取数据库必要的转换。

（4）Pure JDBC driver

该类型的驱动程序是最成熟的 JDBC 驱动程序，不但无须在使用者计算机上安装任何额外的驱动程序，也不需要在服务器端安装任何中介程序(middleware)，所有存取数据库的操作，都直接由驱动程序来完成。

其中，（3）、（4）类驱动程序现已成为 JDBC 访问数据库的首选。

11.2.3　常用的 JDBC 类与方法

1．DriverManager 类

DriverManager 类负责管理 JDBC 驱动程序。使用 JDBC 驱动程序之前，必须先将驱动程序加载并向 DriverManager 注册后才可以使用，同时提供方法来建立与数据库的连接。

该类中常用的方法如下。

（1）Class.forName(String driver)

加载注册驱动程序。

（2）static Connection getConnection(String url,String user,String password)

获取对数据库的连接。

（3）static Driver getDriver(String url)

在已经向 DriverManager 注册的驱动程序中寻找一个能够打开 url 所指定的数据库的驱动程序。

2．Connection 类

Connection 类负责维护 Java 数据库程序和数据库之间的联机。可以建立三个非常有用的类对象。

该类中常用的方法如下。

（1）Statement createStatement()

建立 Statement 类对象。

（2）Statement createStatement(int resultSetType,int resultSetConcurrency)

建立 Statement 类对象。其中 resultSetType 的取值范围如下。

- TYPE_FORWARD_ONLY：结果集不可滚动。
- TYPE_SCROLL_INSENSITIVE：结果集可滚动，不反映数据库的变化。
- TYPE_SCROLL_SENSITIVE：结果集可滚动，反映数据库的变化。

resultSetConcurrency 的取值范围如下。

- CONCUR_READ_ONLY：不能用结果集更新数据。
- CONCUR_UPDATABLE：能用结果集更新数据。

需要注意的是，JDBC 2.0 中才支持滚动的结果集，而且可以对数据进行更新。

（3）DatabaseMetaData getMetaData()

建立 DatabaseMetaData 类对象。

（4）PreparedStatement prepareStatement(String sql)

建立 PreparedStatement 类对象。

（5）boolean getAutoCommit()

返回 Connection 类对象的 AutoCommit 状态。

（6）void setAutoCommit(boolean autoCommit)

设定 Connection 类对象的 AutoCommit 状态。

（7）void commit()

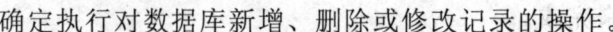

确定执行对数据库新增、删除或修改记录的操作。

（8）void rollback()

取消执行对数据库新增、删除或修改记录的操作。

（9）void close()

关闭 Connection 对象对数据库的联机。

（10）boolean isClosed()

测试是否已经关闭 Connection 类对象对数据库的联机。

3．Statement 类

通过 Statement 类所提供的方法，可以利用标准的 SQL 命令，对数据库进行添加、修改和删除操作。

该类中常用的方法如下。

（1）ResultSet executeQuery(String sql)

使用 SELECT 命令对数据库进行查询。

（2）int executeUpdate(String sql)

执行更新数据库的 SQL 语句。

（3）void close()

关闭 Statement 类对象对数据库的联机。

4．PreparedStatement 类

PreparedStatement 类与 Statement 类相似，两者的不同之处在于：PreparedStatement 类对象会将传入的 SQL 命令事先编好等待使用，当有单一的 SQL 指令比多次执行时，用 PreparedStatement 类会比 Statement 类的效率更高。

该类中常用的方法如下。

（1）ResultSet executeQuery()

使用 SELECT 命令对数据库进行查询。

（2）int executeUpdate()

执行更新数据库的 SQL 语句。

（3）ResultSetMetaData getMetaData()

取得 ResultSet 类对象有关字段的相关信息。

（4）void setInt(int parameterIndex,int x)

设定整数类型数值给 PreparedStatement 类对象的 IN 参数。

（5）void setFloat(int parameterIndex,float x)

设定浮点数类型数值给 PreparedStatement 类对象的 IN 参数。

（6）void setNull(int parameterIndex,int sqlType)

设定 NULL 类型数值给 PreparedStatement 类对象的 IN 参数。

（7）void setString(int parameterIndex,String x)

设定字符串类型数值给 PreparedStatement 类对象的 IN 参数。

（8）void setDate(int parameterIndex,Date x)

设定日期类型数值给 PreparedStatement 类对象的 IN 参数。

（9）void setTime(int parameterIndex,Time x)

设定时间类型数值给 PreparedStatement 类对象的 IN 参数。

5．ResultSet 类

ResultSet 类负责存储查询数据库的结果，并提供一系列的方法对数据库进行添加、修改和删除操作；也负责维护一个记录指针（Cursor），记录指针指向数据表中的某个记录，通过适当地移动记录指针，可以随心所欲地存取数据库，加强程序的效率。

该类中常用的方法如下。

（1）boolean absolute(int row)

移动记录指针到指定的记录。

（2）void beforeFirst()

移动记录指针到第一笔记录之前。

（3）void afterLast()

移动记录指针到最后一笔记录之后。

（4）boolean first()

移动记录指针到第一笔记录。

（5）boolean last()

移动记录指针到最后一笔记录。

（6）boolean next()

移动记录指针到下一笔记录。

（7）boolean previous()

移动记录指针到上一笔记录。

（8）void deleteRow()

删除记录指针指向的记录。

（9）void moveToInsertRow()

移动记录指针以新增一笔记录。

（10）void moveToCurrentRow()

移动记录指针到被记忆的记录。

（11）void insertRow()

新增一笔记录到数据库中。

（12）void updateRow()

修改数据库中的一笔记录。

（13）void update 类型(int columnIndex,类型 x)

修改指定字段的值。

（14）int get 类型(int columnIndex)

获取指定字段的值。

（15）ResultSetMetaData getMetaData()

获取 ResultSetMetaData 类对象。

11.3 利用 JDBC 实现 Java 数据库应用实例

下面以一个具体的实例来演示 Java 数据库应用，该实例中所使用的数据库是前一节中所用到的 Access 数据库文件 db_stu.mdb，其中包含一个数据表 student。

例 11-2　Java 数据库应用实例（myJavaDB.java）

```java
import java.awt.*;
import java.awt.event.*;
import java.sql.*;

public class myJavaDB
{
    public static void main(String args[])
    {
        new TestJavaDB();
    }
}

class TestJavaDB extends Frame implements ActionListener,WindowListener
{
    Label la1,la2,la3,la4,la5,la6;
    TextField num,nam,cla_num,mar;
    Choice se;
    Button bt;
    List li;
    Panel pa;
    Connection conn=null;

    TestJavaDB()    //构造函数
    {
        la1=new Label("学号");
        la2=new Label("姓名");
        la3=new Label("性别");
        la4=new Label("班级编号");
        la5=new Label("成绩");
        la6=new Label("欢迎来到 Java 数据库编程！ ");
        num=new TextField(10);
        nam=new TextField(10);
        cla_num=new TextField(10);
        mar=new TextField(10);
        se=new Choice();
        se.add("m");
        se.add("f");
        bt=new Button("添加");
        li=new List(8,true);
        pa=new Panel();

        pa.add(la1);
        pa.add(num);
        pa.add(la2);
```

```
            pa.add(nam);
            pa.add(la3);
            pa.add(se);
            pa.add(la4);
            pa.add(cla_num);
            pa.add(la5);
            pa.add(mar);
            pa.add(bt);

            bt.addActionListener(this);
            addWindowListener(this);    //注册窗体监听器

            //设置当前容器的布局管理器
            BorderLayout bl=new BorderLayout(10,10);
            setLayout(bl);

            add(la6,BorderLayout.NORTH);
            add(pa,BorderLayout.CENTER);
            add(li,BorderLayout.SOUTH);

            setTitle("Java 数据库编程示例");
            setSize(400,260);
            setVisible(true);

            String spath="c:\\db_stu.mdb";    //Access 数据库路径
            //数据库连接字符串
            String url ="jdbc:odbc:Driver=
                {Microsoft Access Driver (*.mdb)};DBQ="+spath;
            try
            {
                //加载驱动程序
                DriverManager.registerDriver(new sun.jdbc.odbc.JdbcOdbcDriver());
                //建立连接
                conn= DriverManager.getConnection(url);
            }
            catch(Exception e)
            {
                la6.setText("数据库连接出错！");
            };
            showData();    //程序运行时在列表框 li 中显示当前数据库中的数据
        }

        public void showData()
        {
            String sql="select * from student order by number";    //SQL 查询语句
            String s="";
```

```
        ResultSet rs;              //结果记录集，用于保存查询后返回的结果
        Statement stmt;            //语句对象，可接受和执行一条 SQL 语句
        try
        {
            stmt=conn.createStatement();
            rs=stmt.executeQuery(sql);   //执行查询语句并返回结果

            while(rs.next())             //循环显示结果
            {
                s=rs.getString("number")+" ";
                s+=rs.getString("name")+" ";
                s+=rs.getString("sex")+" ";
                s+=rs.getString("class_number")+" ";
                s+=rs.getInt("mark");

                li.add(s);
            }
        }
        catch(Exception e)
        {
            la6.setText("数据查询出错！");
        }
    }

    public void actionPerformed(ActionEvent e)
    {
        if(e.getSource()==bt)    //添加数据
        {
            try
            {
                Statement stmt=conn.createStatement();
                String sql="INSERT INTO student VALUES(?,?,?,?,?)";

                //执行 SQL 语句，将数据添加到数据库中
                PreparedStatement ps=conn.prepareStatement(sql);
                ps.setString(1,num.getText());
                ps.setString(2,nam.getText());
                ps.setString(3,se.getSelectedItem());
                ps.setString(4,cla_num.getText());
                ps.setInt(5,Integer.parseInt(mar.getText()));
                ps.executeUpdate();
                la6.setText("数据添加成功！");

                //将各文本框清空
                num.setText("");
                nam.setText("");
                cla_num.setText("");
```

```
                mar.setText("");

                //将焦点设置在第一个文本框上
                num.requestFocus();

                li.removeAll();    //删除列表框 li 中所有的数据
                showData();        //重新显示当前数据，以便将新添加的数据显示出来
            }
            catch(Exception SQLe)
            {
                la6.setText("输入数据错误！");
            }
        }

        public void windowClosing(WindowEvent e)    //响应窗口关闭框关闭窗口的事件
        {
            try
            {
                conn.close();
                dispose();
                System.exit(0);
            }
            catch(SQLException e_winclo){}
        }
        public void windowActivated(WindowEvent e){}
        public void windowDeactivated(WindowEvent e){}
        public void windowIconified(WindowEvent e){}
        public void windowDeiconified(WindowEvent e){}
        public void windowOpened(WindowEvent e){}
        public void windowClosed(WindowEvent e){}
}
```

程序运行结果如图 11-3 所示。

分别在学号、姓名、性别、班级编号和成绩后面的文本框或下拉列表中输入或选择"2300080202"、"老六"、"m"、"23000802"和"96"并单击"添加"按钮后，程序运行结果如图 11-4 所示。

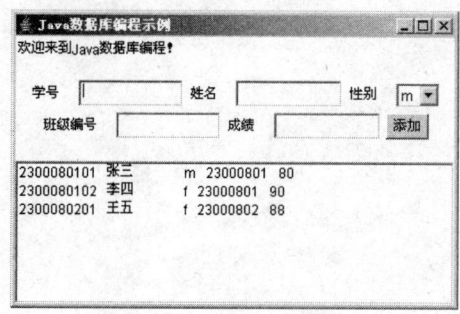

图 11-3　程序运行结果

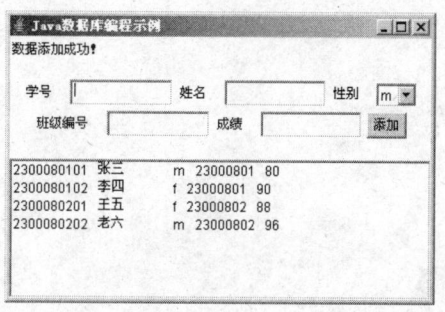

图 11-4　添加数据后的程序运行结果

247

以上程序是一个典型的 Java 面向数据库应用的实例，该实例简单地展现了 Java 对数据库的读/写操作。

习　题

1．简述 JDBC 的概念。JDBC 访问数据库的步骤分哪几步？

2．JDBC 的驱动程序可分为哪几种？

3．简述 DriverManager 类的作用。

4．Connection 类有什么作用？

5．Statement 类有什么作用？PreparedStatement 类与 Statement 类有什么不同？

6．ResultSet 类有什么作用？

7．以例 11-2 为基础，进一步尝试增加对数据库的查询、修改、删除等操作，完善其功能。

参 考 文 献

[1] 印旻，王行言. Java 语言与面向对象程序设计[M]. 2 版. 北京：清华大学出版社，2007.

[2] 张一白，崔尚森. 面向对象程序设计——Java[M]. 2 版. 西安：西安电子科技大学出版社，2006.